STATISTIQUE MÉDICALE

DE LA

VILLE D'ORLÉANS

Années 1893, 1894, 1895 et 1896

(7ᵉ, 8ᵉ, 9ᵉ et 10ᵉ années)

PAR LE DOCTEUR LE PAGE

Médecin municipal de la Ville d'Orléans
Membre de la Société de Médecine du Loiret
Membre de la Société d'Agriculture, Sciences, Belles-Lettres et Arts d'Orléans
Membre de l'Association française pour l'avancement des Sciences
Médaille d'argent de l'Académie de Médecine (Service des épidémies).

ORLEANS

IMPRIMERIE GEORGES MICHAU ET Cⁱᵉ, RUE VIEILLE-POTERIE 9

1898

STATISTIQUE MÉDICALE

DE LA

VILLE D'ORLÉANS

Années 1893, 1894, 1895 et 1896

(7e, 8e, 9e et 10e années)

PAR LE DOCTEUR LE PAGE

Médecin municipal de la Ville d'Orléans
Membre de la Société de Médecine du Loiret
Membre de la Société d'Agriculture, Sciences, Belles-Lettres et Arts d'Orléans
Membre de l'Association française pour l'avancement des Sciences
Médaille d'argent de l'Académie de Médecine (Service des épidémies).

ORLEANS

IMPRIMERIE GEORGES MICHAU ET Cie, RUE VIEILLE-POTERIE 9

—

1898

STATISTIQUE MÉDICALE

DE LA

VILLE D'ORLEANS

Années 1893, 1894, 1895 et 1896

(7e 8e 9e et 10e années)

———

PREMIÈRE PARTIE

———

DE LA MORTALITÉ

———

§ Ier

La mortalité des six années de 1887 à 1892, comme nous l'avons déterminé dans nos deux premiers essais de statistique, avait été en moyenne de 1,359 décès par an, soit 25, 43 pour 1,000 habitants, moyenne basée sur le dénombrement de 1891.

Les décès de 1894 à 1896 étant en moins grand nombre ont permis l'abaissement de cette moyenne à 1,536.

En comptant les 10 dernières années, 1887 à 1896, nous pouvons établir la moyenne annuelle des décès à 24,05 pour 1,000 habitants.

Ce chiffre de 24,05 nous place bien au-dessous de la moyenne habituel e (26 à 27 pour 1,000) des villes ayant la même population qu'Orléans : *beaucoup de villes françaises, qu'elles soient plus ou qu'elles soient moins peuplées que la nôtre, ont une mortalité bien supérieure,* c'est là un fait acquis.

Comme dans nos précédentes statistiques, nous étudierons, tout d'abord, cette mortalité au point de vue de l'âge des décédés, et de leur sexe ; nous verrons sa répartition sur les différents mois de l'année, et avant d'aborder dans la seconde partie l'étude des causes des décès, nous indiquerons combien d'entre eux ont eu lieu en ville et combien dans les établissements hospitaliers et autres.

§ II

Les quatre tableaux suivants indiquent les âges des décédés pour les quatre années qui vont nous occuper dans ce travail.

Année 1893.

MOIS.	Ages de 0 à 10 ans.	De 11 à 20 ans.	De 21 à 30 ans.	De 31 à 40 ans.	De 41 à 50 ans.	De 51 à 60 ans.	De 61 à 70 ans.	De 71 à 80 ans.	De plus de 80 ans.	Mort-nés.	TOTAUX.
Janvier........	39	4	7	7	14	14	25	25	11	3	149
Février.......	22	4	4	3	9	14	20	16	7	5	104
Mars..........	34	5	8	7	6	16	19	28	9	6	138
Avril.........	38	3	6	13	10	12	19	40	19	8	168
Mai	32	6	6	8	10	12	30	41	14	5	164
Juin	55	8	14	12	12	11	17	26	7	6	168
Juillet........	57	2	9	11	7	9	19	14	10	8	146
Août.........	24	6	9	16	12	7	18	16	7	10	125
Septembre.....	22	6	4	5	8	9	13	24	8	5	101
Octobre	21	5	6	6	10	12	17	17	5	3	102
Novembre.....	24	5	6	4	7	10	18	31	11	3	119
Décembre	15	4	10	11	6	13	15	16	5	1	96
Totaux....	383	58	89	103	111	139	230	291	113	63	1.580

Année 1894.

MOIS.	Ages de 0 à 10 ans.	De 11 à 20 ans.	De 21 à 30 ans.	De 31 à 40 ans.	De 41 à 50 ans.	De 51 à 60 ans.	De 61 à 70 ans.	De 71 à 80 ans.	De plus de 80 ans.	Mort-nés.	TOTAUX
Janvier	33	7	13	8	15	10	14	28	17	6	151
Février	35	2	4	8	10	11	13	23	13	5	122
Mars	27	2	11	9	11	9	15	29	11	3	127
Avril	27	1	8	5	12	12	19	27	10	3	124
Mai...	18	7	8	4	10	12	25	27	11	8	130
Juin	21	2	9	3	14	11	15	24	14	8	121
Juillet	30	2	9	7	8	15	12	16	13	3	115
Août..........	23	8	11	12	8	6	11	9	4	4	96
Septembre.....	26	3	11	12	8	5	11	17	9	5	107
Octobre.......	15	1	7	9	8	9	15	17	8	5	94
Novembre	9	6	2	6	12	12	19	16	11	3	96
Décembre	31	6	9	2	6	21	19	21	9	1	125
Totaux....	293	47	102	85	122	133	188	254	130	54	1.408

Année 1895.

MOIS.	Ages de 0 a 10 ans.	De 11 à 20 ans.	De 21 a 30 ans.	De 31 a 40 ans	De 41 à 50 ans.	De 51 à 60 ans.	De 61 a 70 ans.	De 71 a 80 ans.	De plus de 80 ans.	Mort-nés.	TOTAUX
Janvier........	24	1	9	12	10	14	22	30	19	5	146
Février	26	7	9	12	11	15	40	48	30	3	201
Mars.........	35	5	15	9	8	15	27	41	22	5	182
Avril.........	28	2	8	4	9	16	24	21	8	8	128
Mai..........	26	4	13	7	7	11	11	21	12	6	118
Juin	30	5	7	8	7	8	18	16	11	3	113
Juillet........	55	8	7	4	8	9	10	15	11	7	134
Août..........	53	5	4	8	8	16	16	14	8	2	114
Septembre	47	6	5	8	9	7	11	15	10	7	123
Octobre.......	22	6	11	4	8	8	12	14	10	3	98
Novembre.....	20	10	5	3	12	7	23	29	8	3	120
Décembre	27	3	1	4	8	8	14	14	12	6	97
Totaux ...	393	62	94	83	115	124	228	278	161	58	1.596

Année 1896.

MOIS.	Ages de 0 a 10 ans.	De 11 à 20 ans.	De 21 a 30 ans.	De 31 a 40 ans.	De 41 à 50 ans.	De 51 à 60 ans.	De 61 a 70 ans.	De 71 a 80 ans.	De plus de 80 ans.	Mort-nes.	TOTAUX.
Janvier	40	6	9	5	6	13	16	30	11	8	144
Février........	30	8	12	11	14	7	12	27	13	5	139
Mars........ ..	29	8	10	7	9	13	12	18	15	5	126
Avril	22	3	9	6	13	13	20	15	16	3	120
Mai.	21	6	10	9	8	15	22	21	9	8	129
Juin	19	8	10	5	8	8	13	13	2	1	87
Juillet........	52	4	2	10	15	11	13	23	12	6	148
Août..........	37	5	9	5	10	10	16	17	8	4	121
Septembre	19	5	5	6	9	7	16	20	4	3	94
Octobre.......	13	8	6	13	5	7	14	21	9	2	98
Novembre.....	11	4	7	4	7	15	11	25	7	7	98
Décembre	19	5	7	9	10	7	12	36	11	4	120
Totaux.....	312	70	96	90	114	126	177	266	117	56	1.424

Le graphique suivant comparant 1893 et 1894 avec 1895 et 1896 permettra de mieux comprendre ces chiffres, tout en nous montrant la régularité annuelle de la mortalité suivant les âges.

NOMBRE DE DÉCÈS	De 0 à 10 ans	De 11 à 20 ans	De 21 à 30 ans	De 31 à 40 ans	De 41 à 50 ans	De 51 à 60 ans	De 61 à 70 ans	De 71 à 80 ans	De plus de 80 ans
400									
375									
350									
325									
300									
275									
250									
225									
200									
175									
150									
125									
100									
75									
50									
25									
0									

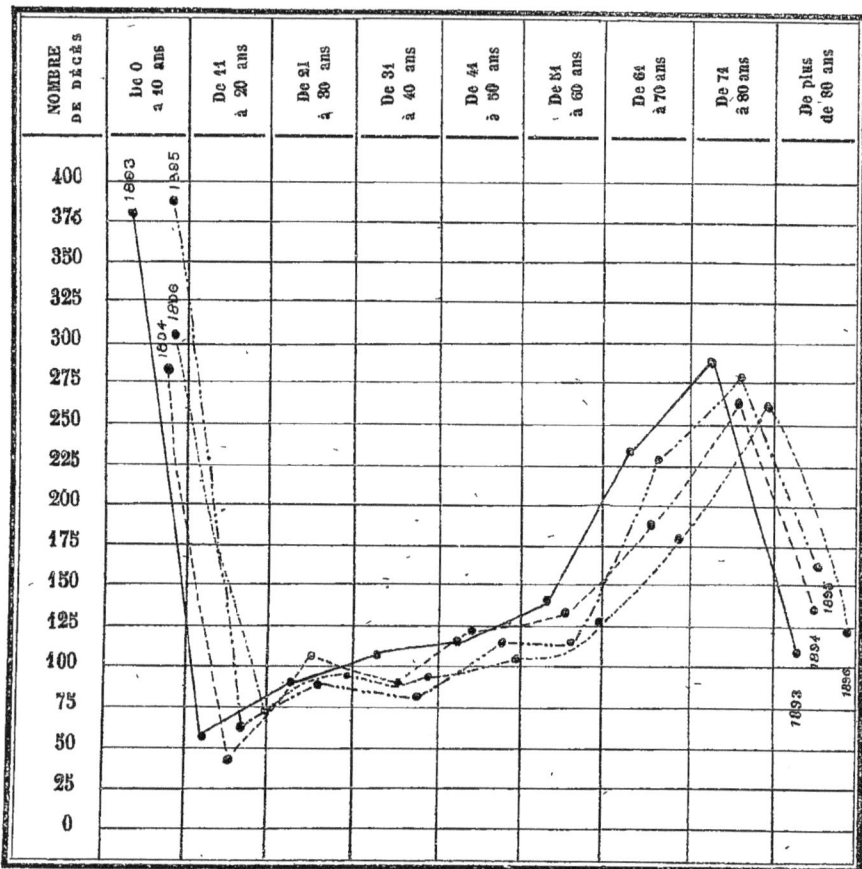

Comme le démontrent ces tracés, chaque année ce sont les enfants et les vieillards qui payent le plus lourd tribut.

Pour 1893 et 1894, les 676 enfants dont on a à déplorer la mort se divisent en 389 de 0 à 1 an, 106 de 1 à 2, 51 de 2 à 3, 31 de 3 à 4, 19 de 4 à 5, 40 de 5 à 7, et 40 de 7 à 10.

C'est donc dans la première année que les enfants sont emportés en plus grand nombre : c'est un fait acquis depuis longtemps, mais qu'il vaut mieux constater une fois de plus afin de tâcher d'y apporter remède.

Pour ces deux mêmes années, les 105 morts de 10 à 20 ans se divisent en 25 de 10 à 15 ans et 80 de 15 à 20.

En 1895 et 1896, la répartition entre les différents âges est encore à peu de choses près la même ; pour la première de ces deux années cependant, nous trouvons un chiffre de décès encore plus élevé que pour les trois autres, pour les enfants de moins de 10 ans ; cette élévation est due au taux des décès des mois de juillet, août et septembre qui a atteint 55, 53, 47. Nous en verrons plus loin la cause.

§ III

Les décès des deux sexes sont ainsi répartis en 1893, 1894, 1895 et 1896.

Année 1893.

	Janvier	Février	Mars	Avril	Mai	Juin	Juillet	Août	Septembre	Octobre	Novembre	Decembre	TOTAUX
Hommes	76	56	60	83	89	86	77	54	57	51	61	49	799
Femmes	73	48	78	85	75	82	69	71	44	51	58	47	781
Totaux	149	104	138	168	164	168	146	125	101	102	119	96	1580

Année 1894.

	Janvier	Fevrier	Mars	Avril	Mai	Juin	Juillet	Août	Septembre	Octobre	Novembre	Décembre	TOTAUX
Hommes	81	65	65	62	62	67	63	44	51	47	51	63	721
Femmes	70	57	62	62	68	54	52	52	56	47	45	62	687
Totaux	151	122	127	124	130	121	115	96	107	94	96	125	1408

Année 1895.

	Janvier	Fevrier	Mars	Avril	Mai	Juin	Juillet	Août	Septembre	Octobre	Novembre	Decembre	TOTAUX
Hommes	71	86	91	78	62	55	69	78	61	49	58	50	808
Femmes	75	115	91	50	56	58	65	56	64	49	62	47	788
Totaux	146	201	182	128	118	113	134	134	125	98	120	97	1596

Année 1896.

	Janvier	Février	Mars	Avril	Mai	Juin	Juillet	Août	Septembre	Octobre	Novembre	Décembre	TOTAUX
Hommes	78	74	69	57	62	44	69	63	40	46	50	56	708
Femmes	66	65	57	63	67	43	79	58	54	52	48	64	716
Toteux	144	139	126	120	129	87	148	121	94	98	98	120	1424

Pour ces quatre années, le sexe masculin l'emporte de 64 sur le sexe féminin; en 1891 et 1892, c'était l'inverse. Il n'y a rien de fixe à ce sujet.

§ IV

En 1893, le maximum des décès mensuels a été atteint, comme le montre le tableau suivant, en avril, mai et juin ; au minimum de décembre 1893 a succédé immédiatement le maximum de 1894 en janvier de cette seconde année; les derniers mois de 1894 ont été plus favorisés.

En 1895 et 1896, c'est en janvier, février et mars que le chiffre des décès est le plus élevé, avec diminution dans les derniers mois; en 1896, le mois de juillet a été particulièrement mauvais pour les enfants, ce qui explique son chiffre élevé.

Comme on le verra du reste dans l'étude de chaque maladie, ces résultats sont, en majeure partie, dus aux variations atmosphériques.

	MOYENNE des SIX ANNÉES antérieures	1893	1894	1895	1896
Janvier....	185	149	151	146	144
Février.................	139	104	122	201	139
Mars...................	169	138	127	182	126
Avril..................	145	168	124	128	120
Mai...................	144	164	130	118	129
Juin...................	118	168	121	113	87
Juillet	111	146	115	134	148
Août..................	124	125	96	134	121
Septembre.............	122	101	107	125	94
Octobre	103	102	94	98	98
Novembre..............	106	119	96	120	98
Décembre...............	120	96	125	97	120

§ V

Les 1,580 décès de 1893 et les 1,408 de 1894 se répartissent comme le montrent les deux tableaux suivants dans la ville, dans les hôpitaux, l'hospice des vieillards, l'établissement des petites sœurs des pauvres, l'asile des aliénés et la prison.

Quelques décédés de ces établissements sont étrangers à la ville.

Année 1893.

	Janvier	Février	Mars	Avril	Mai	Juin	Juillet	Août	Septembre	Octobre	Novembre	Décembre	TOTAUX
Hôtel-Dieu	22	18	19	19	19	27	18	14	10	23	15	13	228
Salles militaires : ..	»	»	»	2	1	2	2	»	1	»	»	1	9
Hôpital général....	12	5	16	10	14	13	15	11	4	5	11	5	124
Asile d'aliénés.....	8	3	10	4	4	4	2	5	4	4	3	2	53
Petites Sœurs (vieil.)	9	2	4	2	5	2	4	4	3	5	2	4	46
Prison.	»	»	»	1	»	»	1	»	»	»	»	»	2
TOTAUX....	51	28	49	38	43	48	42	34	33	37	34	25	462
Décès en ville	98	76	89	130	121	120	104	91	68	65	85	71	1418
TOTAL GÉNÉRAL.	149	104	138	168	164	168	146	125	101	102	119	96	1580

Année 1894.

	Janvier	Février	Mars	Avril	Mai	Juin	Juillet	Août	Septembre	Octobre	Novembre	Décembre	TOTAUX.
Hôtel-Dieu	28	21	14	25	23	15	22	20	12	13	15	19	227
Salles militaires....	»	2	3	1	2	»	2	1	3	2	1	3	20
Hôpital général....	12	13	10	10	18	13	13	9	5	6	5	13	127
Asile d'aliénés.....	1	9	5	5	2	6	4	3	4	5	10	8	62
Petites Sœurs (vieil)	8	4	2	2	9	3	1	»	2	3	2	»	38
Prison...........	»	»	5	»	»	»	»	»	»	»	1	»	1
TOTAUX....	49	49	34	43	54	37	42	33	26	29	34	45	475
Décès en ville	102	73	93	81	76	84	73	63	81	65	62	80	933
TOTAL GÉNÉRAL.	151	122	127	124	130	121	115	96	107	94	96	125	1408

Les deux autres tableaux qui suivent nous donnent la même répartition pour 1895 et 1896.

Année 1895.

	Janvier	Février	Mars	Avril	Mai	Juin	Juillet	Août	Septembre	Octobre	Novembre	Décembre	TOTAUX
Hôtel-Dieu........	20	26	20	22	20	15	24	16	15	20	10	10	218
Salles militaires....	1	2	6	3	3	»	1	1	»	2	»	1	20
Hôpital général....	13	16	15	17	15	10	10	19	7	11	16	2	151
Asile d'aliénés.....	6	4	6	5	3	1	3	5	4	»	2	4	43
Petites Sœurs (vieil.)	5	3	7	3	3	3	2	2	1	3	4	4	40
Prison...........	»	1	1	»	»	»	»	»	»	1	»	»	3
TOTAUX....	45	52	55	50	44	29	40	43	27	37	32	21	475
Décès en ville.....	101	149	127	78	74	84	94	91	98	61	88	76	1121
TOTAL GÉNÉRAL.	146	201	182	128	118	113	134	134	125	98	120	97	1596

Année 1896.

	Janvier	Février	Mars	Avril	Mai	Juin	Juillet	Août	Septembre	Octobre	Novembre	Décembre	TOTAUX
Hôtel-Dieu........	25	21	12	14	28	10	21	21	15	23	18	15	223
Salles militaires ...	1	4	1	3	1	1	»	1	»	3	»	2	17
Hôpital général....	11	23	9	11	7	6	16	6	1	14	7	11	122
Asile d'aliénés.....	1	5	2	4	2	2	1	3	6	2	9	7	44
Petites Sœurs (vieil)	4	3	8	3	2	1	5	7	1	3	1	6	44
Prison...........	»	»	1	1	»	»	»	1	»	»	»	»	3
TOTAUX....	42	56	33	36	40	20	43	39	23	45	35	41	453
Décès en ville.....	102	83	93	84	89	67	105	82	71	53	63	79	971
TOTAL GÉNÉRAL.	144	139	126	120	129	87	148	121	94	98	98	120	1424

Pour chacune de ces quatre années, nous trouvons à peu près le même nombre de décès dans les établissements hospitaliers, et, fait à noter, la diminution très sensible des décès de 1894 et 1896 porte presque exclusivement sur la ville.

En 1893, les décès des salles militaires ont été moins nombreux que ceux des trois autres années.

Chaque année, les vieillards de l'établissement des petites sœurs des pauvres paient à peu près la même dette.

L'asile d'aliénés a présenté un chiffre plus élevé en 1893 et 1894; au contraire, les deux dernières années, la moyenne accoutumée (45) n'a pas été tout à fait atteinte.

SECONDE PARTIE

DES CAUSES DE DÉCÈS

Avant d'aborder l'étude particulière de chacune des maladies à la suite desquelles ont succombé les 6,008 habitants que la ville d'Orléans a perdus pendant les quatre dernières années, il nous a paru utile de condenser dans un premier tableau, comme dans nos statistiques antérieures, ces 6,008 décès en les répartissant entre les maladies qui les ont causés : un coup d'œil sur ce tableau d'ensemble permettra de comparer ce que nous a coûté chacune d'elles ; nous avons cru bon d'y rappeler dans la première colonne la moyenne basée sur les six années antérieures.

Dans les quatre tableaux récapitulatifs qui viennent ensuite, nous trouvons l'indication du tribut payé pendant chacun des 12 mois de ces quatre années.

Nos D'ORDRE	CAUSES DE DÉCÈS	MOYENNE DES 6 ANNÉES antérieures	1893	1894	1895	1896
1	Fièvre typhoïde ou muqueuse	18	13	22	21	20
2	Variole	2	8	2	»	»
3	Rougeole..........................	9	36	»	7	25
4	Scarlatine	9	1	9	13	»
5	Coqueluche........................	9	»	2	17	3
6	Diphtérie, Croup, Angine couenneuse...	28	27	24	16	9
7	Choléra asiatique..................	»	»	»	»	»
8	Tuberculose pulmonaire..............	150	134	162	180	183
9	Autres tuberculoses.....	25	34	37	36	33
10	Tumeurs ....-.....................	88	105	93	94	108
11	Méningite simple	26	12	20	15	26
12	Congestion et hémorrhagie cérébrale ...	109	112	92	102	89
13	Autres affections cérébrales..........	79	84	70	63	53
14	Ramollissement cérébral	48	55	58	60	53
15	Maladies organiques du cœur	126	114	166	149	168
16	Bronchite aiguë....................	33	22	17	31	8
17	Bronchite chronique................	34	34	22	25	12
18	Pneumonie........................	152	147	108	160	111
18 b	Autres affections des voies respiratoires..	93	101	65	116	65
19	Diarrhée, Gastro-entérite...........	119	103	68	116	101
20	Autres affections des voies digestives....	54	73	76	44	50
21	Fièvre et affections puerpérales	7	6	8	3	4
22	Débilité congénitale, Vices de conformation	33	58	38	64	40
23	Sénilité	97	106	84	100	77
24	Suicides..........................	20	21	14	19	25
25	Autres morts violentes..............	19	24	26	15	16
26	Autres causes de mort..............	75	86	70	70	78
27	Causes restées inconnues............	2	1	1	2	5
»	Mort-nés..........................	69	63	54	58	56

Année 1893

N° d'ordre	CAUSES DE DÉCÈS	Janvier	Février	Mars	Avril	Mai	Juin	Juillet	Août	Septembre	Octobre	Novembre	Décembre	TOTAL
1	Fièvre typhoïde ou muqueuse..................	»	1	»	»	1	»	1	3	2	3	2	»	13
2	Variole...........................	»	»	2	»	»	2	»	1	1	1	1	2	8
3	Rougeole.......................	1	2	6	4	7	8	7	»	»	»	»	1	36
4	Scarlatine.......................	1	»	»	»	»	»	»	»	»	»	»	»	1
5	Coqueluche.......................	»	»	»	»	»	»	»	»	»	»	»	»	27
6	Diphthérie, Croup, Angine couenneuse..........	3	»	4	3	2	2	3	»	2	3	5	»	27
7	Choléra asiatique....................	»	»	»	»	»	»	»	»	»	»	»	»	»
8	Tuberculose pulmonaire	10	7	12	14	11	16	13	17	6	14	12	14	146
9	Autres tuberculoses.....................	»	1	»	»	2	1	»	3	4	4	2		105
10	Tumeur........................	4	6	5	12	9	9	8	13	8	11	10	10	12
11	Méningite simple	1	»	1	4	1	2	1	1	»	1	»	»	112
12	Congestion et Hémorrhagie cérébrales..........	9	14	8	9	11	9	6	9	6	5	14	12	84
13	Autres affections cérébrales.................	11	3	10	11	9	10	8	7	6	2	4	3	35
14	Ramollissement cérébral..................	8	3	10	7	4	3	2	3	2	2	7	4	114
15	Maladies organiques du cœur	14	6	17	6	9	12	11	8	3	7	11	8	22
16	Bronchite aiguë.....................	1	3	2	5	3	3	2	»	1	»	»	»	34
17	Bronchite chronique...................	3	1	3	3	6	8	8	2	3	1	3	7	147
18	Pneumonie Broncho-Pneumonié..............	20	12	13	23	12	17	7	5	3	1	7	7	161
18 b	Autres affections des voies respiratoires.........	14	6	5	18	20	3	3	1	8	3	12	6	103
19	Diarrhée. Gastro-entérite.................	6	3	7	2	2	14	30	17	8	7	4	3	73
20	Autres affections des voies digestives et annexes..	6	5	3	4	3	11	7	5	8	10	3	1	6
21	Fièvre et autres affections puerpérales.........	»	2	»	»	1	1	1	»	»	4	4	3	88
22	Débilité congénitale et vices de conformation.....	8	10	10	16	12	3	7	3	7	9	6	6	106
23	Sénilité.......	13	1	1	2	»	»	1	»	4	4	2	2	21
24	Suicides........................	4	2	3	2	2	4	1	1	1	2	2	3	24
25	Autres morts violentes..................	1	4	4	10	3	11	13	10	11	3	4	3	86
26	Autres causes de mort....	8	»	»	»	»	»	»	»	»	»	»	»	1
27	Causes restées inconnues.................	»	5	6	8	5	6	8	10	5	3	3	1	63
»	Mort nés........................	3	»	»	»	»	»	»	»	»	»	»	»	»
	TOTAUX........	149	104	138	163	104	168	146	125	101	102	119	96	1.580

N° D'ORDRE	CAUSES DE DÉCÈS	Janvier	Février	Mars	Avril	Mai	Juin	Juillet	Août	Septembre	Octobre	Novembre	Décembre	TOTAL
1	Fièvre typhoïde ou muqueuse................	2	4	»	»	»	»	2	7	4	1	»	2	22
2	Variole................................	»	2	»	»	»	»	»	»	»	»	»	»	2
3	Rougeole..............................	»	»	»	»	»	»	»	»	»	»	»	»	»
4	Scarlatine.............................	»	»	1	»	1	3	»	»	»	»	»	3	9
5	Coqueluche............................	»	»	»	»	1	»	»	»	»	»	1	»	2
6	Diphtérie, Croup, Angine couenneuse.......	4	3	1	2	4	»	2	1	1	3	1	2	24
7	Choléra asiatique......................	»	»	»	»	»	»	»	»	»	»	»	»	»
8	Tuberculose pulmonaire.................	21	6	19	15	16	16	9	13	10	11	15	11	162
9	Autres tuberculoses....................	1	4	3	4	2	5	4	3	1	1	1	»	37
10	Tumeur...............................	5	3	6	6	12	5	5	9	12	10	12	8	93
11	Méningite simple......................	»	4	»	»	3	2	4	2	3	1	1	»	20
12	Congestion et Hémorrhagie cérébrales......	10	14	8	11	7	8	6	4	7	3	7	7	92
13	Autres affections cérébrales..............	6	3	7	9	2	4	3	5	6	7	7	11	70
14	Ramollissement cérébral................	6	8	8	4	7	5	8	»	2	3	2	5	58
15	Maladies organiques du cœur...........	14	14	14	11	18	14	21	12	8	10	12	18	166
16	Bronchite aiguë.......................	2	3	2	4	2	1	»	»	»	1	1	1	17
17	Bronchite chronique...................	4	2	2	1	3	3	1	2	1	2	»	1	22
18	Pneumonie, Broncho-pneumonie........	17	15	9	10	14	6	6	»	8	7	7	9	108
18 b	Autres affections des voies respiratoires...	6	5	10	7	2	8	2	2	6	5	5	7	65
19	Diarrhée gastro-entérite.................	3	3	6	4	4	6	12	11	11	4	2	2	68
20	Autres affections des voies digestives et annexes.	9	12	7	9	5	6	5	4	3	7	4	5	76
21	Fièvre et autres affections puerpérales.........	3	»	3	1	1	»	»	»	1	»	»	»	8
22	Débilité congéniale et vices de conformation....	4	4	2	6	2	4	4	3	4	2	»	6	38
23	Sénilité...............................	10	5	9	5	7	12	7	7	5	6	5	6	84
24	Suicides..............................	3	1	1	1	»	1	1	2	1	1	2	»	14
25	Autres morts violentes..................	1	1	3	4	»	»	5	2	1	3	3	3	26
26	Autres causes de mort..................	13	2	4	7	8	6	4	5	6	2	5	8	70
27	Causes restées inconnues...............	1	»	»	»	8	»	1	»	1	»	»	»	4
»	Mort-nés.............................	6	5	3	3	8	»	8	3	4	5	3	4	54
	TOTAUX........	151	122	127	124	130	121	118	96	107	94	96	125	1.408

N° d'ordre	CAUSES DE DÉCÈS	Janvier	Février	Mars	Avril	Mai	Juin	Juillet	Août	Septembre	Octobre	Novembre	Décembre	TOTAL
1	Fièvre typhoïde ou muqueuse...............	»	»	4	»	1	»	1	4	4	6	4	»	21
2	Variole.........................	»	»	»	»	»	»	»	»	»	»	»	»	»
3	Rougeole.........................	»	»	»	»	»	»	1	»	1	1	1	3	7
4	Scarlatine.........................	1	»	4	2	2	2	1	»	»	»	»	1	13
5	Coqueluche	»	»	2	»	2	2	6	1	4	1	»	0	17
6	Diphtérie, Croup, Angine couenneuse...........	1	2	1	3	2	3	1	»	»	1	1	»	16
7	Choléra asiatique....................	»	»	»	»	»	»	»	»	»	»	»	»	»
8	Tuberculose pulmonaire....................	15	16	17	11	22	17	14	10	17	18	13	10	180
9	Autres tuberculoses	»	5	5	6	2	6	5	y	1	»	2	4	36
10	Tumeur.........................	8	13	7	9	1	8	7	14	5	7	9	6	94
11	Méningite simple....................	2	2	3	»	2	»	»	1	1	1	3	»	15
12	Congestion et Hémorrhagie cérébrales...........	12	12	14	4	7	7	5	8	9	8	8	8	102
13	Autres affections cérébrales....................	7	8	6	10	2	3	6	5	5	1	3	5	63
14	Ramollissement cérébral	6	1	10	6	7	3	4	3	»	3	16	1	60
15	Maladies organiques du cœur	21	21	14	17	10	11	7	13	11	4	11	9	149
16	Bronchite aiguë	4	9	2	2	3	»	1	1	3	3	2	1	31
17	Bronchite chronique.....................	4	6	2	1	3	1	1	2	2	1	1	1	25
18	Pneumonie, Broncho-pneumonie.............	16	30	30	13	14	9	13	9	4	4	8	10	160
18 b	Autres affections des voies respiratoires........	12	44	21	8	2	6	2	3	»	5	6	7	116
19	Diarrhée gastro-entérite.....................	»	2	2	»	1	3	30	35	20	16	3	2	116
20	Autres affections des voies digestives et annexes.	3	2	1	4	7	3	6	4	3	2	3	2	44
21	Fièvre et autres affections puerpérales...........	»	»	»	»	1	»	1	1	»	»	»	»	3
22	Débilité congénitale et vices de conformation	10	3	4	7	6	8	4	6	4	3	2	7	64
23	Sénilité.........................	10	17	17	5	9	8	8	6	6	4	5	7	100
24	Suicides	2	»	3	3	1	2	»	1	»	2	2	3	19
25	Autres morts violentes.....................	2	1	»	»	1	1	2	3	3	»	1	1	15
26	Autres causes de mort....................	3	4	10	9	4	5	2	2	13	4	9	3	70
27	Causes restées inconnues....................	»	»	1	»	»	»	1	1	»	2	»	»	2
»	Mort-nés.........................	5	3	5	5	8	6	3	7	2	7	3	6	58
	TOTAUX........	146	201	182	128	118	113	134	134	125	98	120	97	1.596

N° D'ORDRE	CAUSES DE DÉCÈS	Janvier	Février	Mars	Avril	Mai	Juin	Juillet	Août	Septembre	Octobre	Novembre	Décembre	TOTAL
1	Fièvre typhoïde ou muqueuse................	1	1	3	1	1	»	1	3	3	5	1	»	20
2	Variole............................	»	»	»	»	1	»	·	»	»	»	»	»	»
3	Rougeole......................	9	10	3	»	2	1	»	»	»	1	»	»	25
4	Scarlatine....................	»	»	»	»	»	»	»	»	»	1	»	»	»
5	Coqueluche..................	1	»	»	»	»	»	»	»	»	»	1	1	3
6	Diphtérie, Croup, Angine couenneuse	1	1	»	2	»	1	»	1	1	»	1	1	9
7	Choléra asiatique.................	»	»	»	»	»	»	»	»	»	»	»	»	»
8	Tuberculose pulmonaire..................	13	14	21	22	22	16	17	10	10	11	10	14	183
9	Autres tuberculoses	3	3	3	1	2	6	3	4	2	3	1	2	33
10	Tumeur.....................	13	5	9	6	12	9	9	7	11	9	7	11	108
11	Méningite simple................	2	3	4	4	2	2	3	»	1	»	3	2	26
12	Congestion et Hémorrhagie cérébrales........	15	7	8	8	7	6	8	9	5	7	5	4	89
13	Autres affections cérébrales..............	8	10	4	4	3	3	6	2	6	3	3	1	53
14	Ramollissement cérébral	2	7	4	6	5	2	7	3	1	3	3	10	53
15	Maladies organiques du cœur..............	11	14	13	17	17	11	17	8	12	14	15	19	108
16	Bronchite aiguë.................	1	»	2	»	2	»	1	»	»	2	»	»	8
17	Bronchite chronique................	»	1	2	1	2	»	1	»	1	2	2	»	12
18	Pneumonie Broncho-pneumonie	16	20	9	10	14	6	7	13	5	3	4	4	111
18 b	Autres affections des voies respiratoires........	8	2	4	2	6	8	3	4	5	5	9	9	65
19	Diarrhée. Gastro-entérite.............	5	7	3	4	4	1	36	21	5	5	3	7	101
20	Autres affections des voies digestives et annexes..	7	5	1	4	2	1	7	4	4	6	5	4	59
21	Fièvre et autres affections puerpérales.........	1	1	1	»	»	»	»	»	»	»	1	»	4
22	Débilité congénitale et vices de conformation	3	4	9	1	3	4	1	5	7	3	1	5	46
23	Sénilité	3	5	8	10	6	1	6	7	4	8	8	11	77
24	Suicides.................	1	5	4	3	2	»	4	1	1	1	5	2	25
25	Autres morts violentes.................	2	2	»	»	1	2	3	2	1	»	1	2	16
26	Autres causes de mort.................	7	7	3	11	6	5	4	14	6	6	2	7	78
27	Causes restées inconnues.................	3	»	1	»	»	1	1	»	»	»	»	»	5
»	Mort-nés	8	5	5	3	8	1	6	4	3	2	7	4	56
	TOTAUX........	144	139	126	120	129	87	148	121	94	98	98	120	1.424

En analysant ces tableaux, nous y voyons que les causes de mort de beaucoup les plus fréquentes sont sans contredit les affections des voies respiratoires.

En 1893, en réunissant au chiffre de décès par tuberculose pulmonaire, celui de toutes les morts dues aux bronchites, pneumonies, congestions pulmonaires et autres affections du même organe, nous obtenons un total de 450; en 1894, par le même calcul, nous arrivons à 374; en 1895, nous en trouvons 512 et en 1896, seulement 379.

En outre chaque année, sous le masque de la sénilité, § XXIII, se cache évidemment encore un certain nombre de ces affections pulmonaires; plusieurs cas, telles les broncho-pneumonies, qui compliquent les affections épidémiques, viendraient aussi en grossir le nombre.

Nous pouvons donc vraisemblablement affirmer que les maladies des voies respiratoires déterminent plus du tiers des décès, et parmi ces affections, ce sont surtout la tuberculose toujours croissante et la pneumonie qui contribuent pour la plus large part à un aussi triste résultat,

§ Ier

Fièvre typhoïde

La fièvre typhoïde, en 1893 comme en 1894, a suivi sa marche accoutumée. Nos statistiques antérieures nous avaient permis de fixer à 15 la moyenne des décès que cette affection occasionnait chaque année à Orléans.

En 1893, sur les 18 cas déclarés dont nous donnons la liste ci-après, on a eu à déplorer 13 décès, parmi lesquels deux sont à déduire comme n'intéressant pas la ville, puisque quoiqu'ayant eu lieu à l'Hôtel-Dieu, ce sont ceux d'individus étrangers à la localité.

En 1894, avec la déclaration obligatoire pour le médecin des cas qu'il constate dans sa clientèle, nous voyons un chiffre plus élevé de déclarations (44). Ce chiffre est encore au dessous de la réalité sans quoi le rapport entre la morbidité et la mortalité serait effrayant; sur ces 44 cas, en effet, 22 ont été suivis de décès soit 50 %; il faut donc souhaiter que les déclarations soient plus rigoureusement faites.

De ces 22 décès, il faut retrancher ceux de 5 étrangers à la ville qui sont venus mourir à l'Hôtel-Dieu et parmi eux trois soldats venant des grandes manœuvres de Beauce. Restent donc 17 cas vraiment nôtres : ce bilan est un peu supérieur à notre moyenne annuelle.

En 1895 et 1896, le nombre des déclarations augmente; 53 pour la première,

58 pour la seconde année : le chiffre des décès est lui-même en progression, nous remarquons un décès d'étranger et 20 d'Orléanais en 1895 ; 2 d'étrangers et 18 d'Orléanais en 1896.

En 1893 et 1894, nous trouvons des décès à peu près dans tous les quartiers de la ville, mais dans tous les quartiers aussi, il y a encore çà et là de vieux puits en usage, non loin de fosses d'aisances ou de pertes d'eaux ménagères, dont on ne connaît pas le fond.

Quelques échantillons prélevés dans quelques-uns de ces puits n'ont pas permis de constater la présence du bacille d'Eberth, mais seulement celle d'un grand nombre de micro-organismes de diverses natures et parmi eux en grande quantité le bacillum coli.

Dans le quartier de St-Marceau habituellement infecté, nous n'avons relevé, en 1893, qu'un cas rue de la Cigogne et un rue du Pressoir-Blanc, tous deux sui-vis de décès ; mais combien plus nombreux en 1894, ont été les décès dans les diverses rues de ce quartier : rue du Lièvre-d'Or, Saint-Pryvé, rue Vieille-Levée, route de Saint-Mesmin, route d'Olivet, et les cas, non suivis de mort : deux, rue des Anguignis, rue des Chabassières, route de Saint-Mesmin, quai des Augustins, rue Vieille-Levée, rue du Coq Saint-Marceau.

A signaler cette même année un cas de typhus à la prison, chez un homme de 40 ans, qui fut transporté à l'Hôtel-Dieu où il mourut peu de temps après son arrivée.

Comme foyers d'infection en 1895, nous trouvons encore en première ligne le quartier Saint-Marceau avec 16 cas et 5 décès, en second lieu la rue Bourgogne et les rues y aboutissantes ou voisines, de la Poterne, de la Charpenterie, etc., avec 14 cas; vient ensuite le quartier du faubourg Saint-Vincent avec 7 cas; les autres sont à peu près répartis dans le reste de la ville.

En 1896, nous trouvons dans le quartier des hôpitaux et de l'abattoir, 14 cas (rue du Canon, Boulevard des Princes, rue Creuse, etc.), 11 cas dans les environs de la rue Bourgogne, 7 dans Saint-Marceau et 6 dans une même famille de l'impasse Montmeillant (quartier de la Bourie).

Nous croyons bon pour étudier la marche de cette affection, pendant ces dernières années, de reproduire ci-après la liste des cas qui se sont produits et dont la déclaration faite à la mairie nous a donné connaissance, cela nous dispensera de plus longs commentaires.

Ce qui saute aux yeux, à première vue, c'est l'époque où la fièvre typhoïde se manifeste de préférence : pour chacune de ces années, en effet, nous la voyons prédominer pendant les mois d'août, septembre et octobre, moment des basses eaux et où les puits sont parfois presque taris.

1893

1	6 janvier.	14 ans.	F.	rue du Tabour, 17.		
2	25 février.	14 »	F.	rue Basse d'Ingré, 3	Déc. à l'Hôtel Dieu	
3	13 mai.	35 »	H.	rue Creuse, 1.	id.	
4	8 juillet.	6 »	F.	faubourg Saint Jean 90	id.	
5	14 août.	13 »	F.	rue de Coulmiers, 26.		
6	16 août.	22 »	F.	rue des Murlins, 40.		
7	22 août.	21 »	F.	domestique à l'Hôtel Dieu.	Déc. à l'Hôtel Dieu	
8	30 août.	31 »	H.	rue des Charretiers, 9.	id.	
9	1er sept.	64 »	H.	rue Croix-de-Bois, 27.	Décédé.	
10	4 sept.	26 »	H.	de passage à l'Hôtel-Dieu.		
11	25 sept.	22 »	F.	Ardon.	Déc à l'Hôtel-Dieu	
12	30 sept.	48 »	H.	faubourg Bannier, 363.	Décédé.	
13	1er octob.	27 »	F.	rue de la Cigogne, 4.	Déc à l'Hôtel Dieu	
14	4 octob.	8 »	F.	rue de Bourgogne, 139.		
15	5 octob.	15 »	F.	Ruan.	Déc à l'Hôtel-Dieu	
16	12 octob.	6 »	H.	rue de Bourgogne, 138.	Décédé.	
17	15 novem.	37 »	F.	rue du Pressoir Blanc.	Déc. à l'Hôtel-Dieu	
18	18 novem.	17 »	F.	rue des Carmes, 67.	Décédée.	

1894

1	Janvier.	3 ans.	H.	faubourg St-Vincent, 122.	Décédé.	
2	»	19 »	F.	rue des Murlins, 40.	Décédée.	
3	Février.	23 »	F.	rue du Réservoir, 7.	Déc. à l'Hôtel-Dieu	
4	»	7 »	H.	rue de la Cerche, 10.	id.	
5	»	19 »	H.	rue Croix-de-Bois, 41.	id.	
6	»	8 »	H.	id.		Frère du n° 5.
7	»	40 »	H.	Prison.	Déc. à l'Hôtel-Dieu	Typhus.
8	3 mars.	17 »	H.	faubourg Bannier, 70.		
9	12 avril.	15 »	H.	rue Bannier, 13.		
10	16 juillet.	26 »	F.	rue de la Lionne 54.		
11	20 »	28 »	H.	rue du Lièvre d'Or, 1.	Décédé.	
12	23 «	20 »	H.	rue des Anguignies, 40.		
13	23 »	17 »	H.	id.		Frère du n° 12.
14	23 »	28 »	H.	rue des Chabassières.		
15	25 »	35 »	F.	rue de Bourgogne, 116.	Décédée.	
16	5 août.	26 »	H.	Saint Pryvé.	Déc. à l'Hôtel-Dieu	
17	8 »	28 »	F.	faubourg Bannier 381.	id.	
18	8 »	14 »	H.	faubourg Bannier, 21.		
19	15 »	15 »	E.	rue des Ormes St-Victor, 32.	Décédée.	
20	17 »	27 »	H.	route de St-Mesmin, 9.	Décédé.	
21	17 »	26 »	F.	id.		Epouse du n° 20
22	19 »	17 »	H.	rue du Coin-Rond, 1.		
23	20 »	10 »	F.	rue Desfriches, 3.		
24	22 »	30 »	F.	rue des Tanneurs, 12.		
25	25 »	48 «	F.	rue Louis Roguet, 17 bis.	Déc. à l'Hôtel-Dieu	
26	30 »	44 »	H.	rue Royale, 31.	Décédé.	
27	31 »	18 »	F.	rue des Quatre-Degrés, 2.	Déc. à l'Hôtel Dieu	
28	»	50 »	H.	quai des Augustins, 4.		
29	»	20 »	F.	rue du Réservoir, 7.		
30	11 sept.	18 »	F.	rue d Illiers, 7.		
31	12 »	14 »	F.	rue Vieille-Levée, 21.		

32	16 sept.	17 »	H.	rue Vieille Levée, 9.	Décédé.	
33	17 «	32 »	F.	rue de la Poule, 8.	Déc. à l'Hôtel-Dieu	
34	19 »	42 »	F.	Cloître de la Cathédrale, 8.		
35	19 »	22 »	H.	130e régiment d'infanterie.	Déc. à l'Hôtel-Dieu	Ven. d. manœuv.
36	19 »	21 »	H.	id.	id.	-Id.
37	20 »	7 »	H.	rue du Coq St-Marceau, 6.		
38	9 octobre.	8 »	H.	rue de Paris, 15.		
39	10 »	7 »	H.	rue Jacquart, 6.		
40	20 »	24 »	H.	1er rég. d'artil. de marine.	Déc. à l'Hôtel-Dieu	Ven. d. manœuv.
41	18 décemb.	33 »	H.	rue Vieille Levée, 6.		
42	22 »	15 »	F.	faubourg St-Jean, 51.		
43	25 »	20 »	F.	route d'Olivet, 82.	Décédée.	
44	»	18 »	H.	Chécy.	Déc. à l'Hôtel-Dieu	

1895

1	Mars.	23 ans.	F.	route de St-Mesmin, 38.	Déc à l'Hôtel-Dieu	
2	Mai.	35 »	H.	rue du Puits, 3.	Décédé.	
3	Juillet.	18 »	F.	rue des Grands-Ciseaux, 22.	Déc. à l'Hôtel-Dieu	
4	Août.	14 »	-H.	faubourg Bannier, 467.		
5	»	17 »	F.	rue Verte, 2.	Déc à l'Hôtel-Dieu	
6	»	22 »	F.	Saint Hilaire Saint-Mesmin	id.	
7	»	18 »	H.	rue de la Charpenterie, 32.	id.	
8	»	55 »	F.	Sain-tHilaire-Saint Mesmin	id.	Mère du no 6.
9	Septembre.	16 »	H.	rue Vieille-Levée, 3.		
10	»	25 »	H.	rue Moreau, 5.		
11	»	34 »	F.	place de la Bascule, 1.		
12	»	26 »	F.	route d'Olivet, 50.	Décédée.	
13	»	3 »	F.	id.		Fille du no 12.
14	»	16 »	F.	rue des Pensées, 16.		
15	»	28 »	H.	route d'Olivet, 83.		
16	»	21 »	F.	rue des Grands-Ciseaux 25.		
17	»	22 »	H.	r. d Quatre F. Aymond, 5 bis.		
18	»	31 »	H.	route d'Olivet, 106.		
19	»	22 »	F.	id.		Épouse du no 18
20	»	9 »	H.	rue Stanislas-Julien, 17.		
21	»	42 »	H.	rue de la Bar. St Marc, 102.	Décédé.	
22	»	16 »	F.	rue du Nécotin, 33.	Décédée.	
23	»	46 »	F.	route d'Olivet, 26.		
24	»	29 »	F.	rue du Bourdon-Blanc, 66.		
25	»	43 »	H.	route d'Olivet, 36.	Déc. à l'Hôtel-Dieu	Typhus.
26	Octobre.	25 »	F.	rue St Flou, 8.		
27	»	17 »	H.	faubourg St-Vincent, 168.		
28	»	6 »	F.	faubourg St Vincent, 15.		
29	»	60 »	H.	faubourg S. Vincent, 39.		
30	»	22 »	H.	32e d'artillerie	Déc. à l'Hôtel-Dieu	
31	»	23 »	F.	r. Guillaume-Prousteau, 3.		
32	»	24 »	H.	route d'Olivet, 6.		
33	»	28 »	F.	rue de la Poterne, 8.		
34	»	29 »	H.	rue de la Cigogne, 5.	Décédé.	
35	»	18 »	F.	rue des Bouchers, 10.		
36	»	30 »	F.	rue de l'Empereur, 22.		
37	»	38 »	F.	Ardon.	Déc. à l'Hôtel-Dieu	
38	»	49 »	F.	faubourg St-Vincent, 126.	Décédée.	
39	»	26 »	F.	rue des Bouchers, 14.	Décédée.	

40	Octobre.	24	»	F.	rue de Bourgogne, 165.		
41	»	39	»	F.	rue Tudelle 7 bis.		
42	»	26	»	H.	route d Olivet 106	Déc. à l'Hôtel Dieu	
43	»	31	»	H.	route de St Mesmin. 55.		
44	»	13	»	F.	rue du Petit-St Loup, 9.		
45	»	6	»	H.	route de St-Mesmin 19.		
46	»	13	»	H.	rue de la Charpenterie. 4.		
47	»	13	»	F.	rue Stanislas-Julien, 17.		Sœur du n° 20.
48	»	20	»	H	30e d'artillerie.	Déc. à l Hôtel-Dieu	
49	Novembre.	20	»	F.	Hôtel Dieu.	id.	
50	»	12	»	F.	rue des Chats Ferrés, 12.	id.	
51	»	47	»	F.	rue du Tabour, 6	Décédée.	
52	»	33	»	F.	rue du Réservoir, 5.		
53	»	27	»	F.	Venelle des Vopulants.		

1896

1	Janvier.	17 ans.		H.	rue de Bourgogne, 346.		
2	»	9 m.		F.	rue des Sept-Dormants, 7.	Décédée à l'hôpital	
3	»	14 ans.		H.	boulevard Rocheplatte, 3.		
4	Février.	30	»	F.	rue de Recouvrance, 46.		
5	»	22	»	F.	Saint-Père.	Déc. à l'Hôtel Dieu	
6	»	8	»	F.	rue de Limare, 20.		
7	Mars.	53	»	F.	rue Tudelle, 7.	Déc. à l'Hôtel-Dieu	
8	»	12	»	H.	impasse Montmeillant.	Décédé.	
9	»	24	»	H.	hôpital général.	Déc. à l'Hôtel-Dieu	
10	Avril.	16	»	H.	impasse Montmeillant.	Décédé.	frère du n° 8.
11	»	33	»	F.	rue du Dévidet, 2 bis.		
12	»	9	»	H.	impasse Montmeillant.		frère du n° 8.
13	»	15	»	F.	impasse Montmeillant.		sœur du n° 8.
14	»	15	»	F.	venelle des Vopulants.		
15	»	20	»	F.	impasse Montmeillant.	Décédée.	b.-sœur du n°8.
16	Juillet.	13	»	H.	rue des Murlins. 82.		
17	»	32	»	F.	rue de la Borde. 3.	Décédée.	
18	»	26	»	H.	route d'Olivet, 80.		
19	Août.	20	»	F.	rue Basse-Mouillère, 4.		
20	»	17	»	F.	id.		sœur du n° 19.
21	»	44	»	F.	id.		m des n°s 19,20.
22	»	27	»	H.	rue de la Poterne, 6.	Déc. à l'Hôtel-Dieu	
23	»	20	»	H.	rue Creuse, 12.		
24	»	34	»	H.	rue de la Charpenterie, 54.	Déc. à l'Hôtel-Dieu	
25	»	4	»	H.	rue des Sept-Dormants, 5.		
26	»	15	»	H.	rue de l'Empereur, 22.		
27	»	16	»	H.	faubourg St-Vincent. 155.		
28	»	23	»	H.	rue Sous les-Saints, 9.		
29	»	16	»	H.	rue de la Tour-Neuve, 20.		
30	»	46	»	H.	id.		frère du n° 29.
31	»	35	»	F.	rue de l'Ange, 11.		
32	»	39	»	F.	impasse Montmeillant.	Déc. à l'Hôtel-Dieu	sœur du n° 8.
33	Septembre	13	»	H.	rue des Turcies, 78.		
34	»	14	»	H.	faubourg Bannier, 100.		
35	»	19	»	F.	rue du Chapon, 3	Déc. à l'Hôtel-Dieu	
36	»	34	»	F.	place Croix-Morin, 6.		
37	»	43	»	F.	venelle des Sansonnières.	Décédée.	
38	»	62	»	F.	rue Jeanne d'Arc, 39.		

39	septembre.	39	»	H.	rue Basse d'Ingré, 1.	Décédé.	
40	»	17	»	H.	rue des Curés, 4.		
41	»	14	»	F.	id.		sœur du n° 40.
42	»	19	»	F.	bou'evard des Princes, 10.		
43	»	34	»	F.	boulevard des Princes, 2.		
44	»	30	»	F.	rue de Gaucourt, 7.		
45	»	70	»	F.	marché Porte-Renard.		
46	»	26	»	F.	rue du Parc, 26.		
47	»	40	»	F.	rue du Colombier, 31.		
48	Octobre.	19	»	F.	rue Tudelle, 75.		
49	»	22	»	H.	30e d'artillerie.	Déc. à l'Hôtel-Dieu	
50	»	12	»	F.	boulev. de Châteaudun, 77.		
51	»	20	»	H.	30e d'artillerie.	Déc à l'Hôtel-Dieu	
52	»	8	»	F.	rue du Réservoir, 7.	Décédée.	
53	»	34	»	H.	rue du Canon, 14.	Déc. à l'Hôtel-Dieu	
54	»	51	»	F.	rue Sainte-Catherine, 5.	id.	
55	»	38	»	H.	de passage à Orléans.	id.	
56	Novembre.	41	»	F.	faubourg Madeleine, 61.		
57	Décembre.	11	»	F.	rue des Pastoureaux, 5.		
58	«	6	»	H.	rue des Murlins, 45.		

§ II.

Variole

25 cas de variole ont été déclarés en 1893, et ont donné lieu à 8 décès ; depuis les premiers mois de 1889, on n'en avait point tant observé ; le fait caractéristique de cette année est l'âge des varioleux : sur ces 25, 12 avaient plus de 20 ans, 5 de 15 à 20, 3 de 10 à 15, les 5 autres seulement n'avaient pas encore 10 ans ; l'épidémie qui avait débuté à la fin de mai, s'est prolongée jusqu'en juin 1894, avec 9 cas nouveaux seulement pour les 6 premiers mois de cette seconde année et parmi eux 2 décès. En 1894, comme en 1893, enfants et adultes sont atteints.

La revaccination obligatoire dans toutes les écoles, en octobre 1892, de tous les enfants âgés de 10 ans a certainement dû s'opposer à l'accroissement de cette épidémie. Elle vient démontrer une fois de plus victorieusement la nécessité des revaccinations multipliées.

Les tableaux suivants donnent la marche de l'épidémie, l'âge, le sexe, l'adresse des malades et des décédés, l'époque de la déclaration, et autant qu'il a été possible de l'établir, le degré de parenté des malades; ils dispenseront d'entrer dans une étude plus approfondie de l'épidémie.

1893

1	31 Mai.	34 ans.	F.	rue de la Poterne, 31.			
2	6 Juin.	1 mois	F.	rue Tudelle, 31.	Decédée à l'Hôtel-Dieu		
3	18 »	37 an .	F.	rue des Anguignis, 28.	Décédée.	jardinière.	
4	19 »	49 »	H.	rue Bourgogne, 100.		même famille.	
5	30 »	62 »	F.	id.			
6	1er Juillet.	22 »	F.	cloître Saint-Aignan, 14.			
7	13 »	17 »	H.	faubourg Madeleine, 45.			
8	15 »	12 »	F.	rue du Poirier (orphelinat).			
9	»	11 »	F.	id. id.			
10	»	10 »	F.	id. id.			
11	18 Août.	49 »	H.	rue des Murlins, 64.	Décédé.	journalier.	
12	19 »	30 »	F.	rue des Murlins, 119.			
13	4 Septemb.	16 »	H.	rue des Murlins, 135.			
14	5 »	15 mois	F.	rue des Murlins, 64.		parente du n° 11.	
15	6 »	19 ans	F.	rue des Murlins, 133.	Decédee a l'Hôtel-Dieu	journalière.	
16	15 »	26 mois	F.	rue de la Charpenterie 68.			
17	16 Octobre.	19 ans.	H.	rue des Murlins, 82.	id.	cantonnier.	
18	6 Novemb.	25 »	H.	rue de la Charpenterie, 76			
19	6 »	20 »	H.	rue de la Charpenterie, 37.			
20	30 »	24 »	F.	rue Bannier, 48.	id.	blanchisseuse.	
21	2 Décembre	41 »	H.	rue de l'Empercur, 20.			
22	26 »	37 »	H.	rue des Charretiers, 21.			
23	28 »	3 »	F.	rue d'Angleterre, 23.			
24	31 »	17 »	F.	rue des Charretiers, 67.	id.	domestique.	
25	31 »	10 jours	F.	id.	id.	fille du n° 24.	

1894

1	12 Janvier.	3 ans	G.	faubourg Saint-Jean, 22.			
2	11 Février.	54 »	H.	rue Croix de-Malte, 7.			
3	»	2 »	G.	r. des Quatre-Fils-Aymond.	Décédé.		
4	13 »	28 mois	F.	rue d'Avignon, 6.			
5	»	41 ans.	F.	asile d'aliénés.	Décédée.		
6	22 »	17 »	G.	rue des Beaumonts, 41.			
7	26 »	8 »	G.	rue Thiers, 6.			
8	11 Mars.	9 »	F.	id.		sœur du n° 7.	
9	24 Juin.	59 »	F.	rue du Poirier, 43.			

En 1895, comme en 1896, il n'y a aucune déclaration de variole ; deux cas seulement de varioloïde ont été signalés pour chacune de ces deux années.

§ III.

Rougeole

Là rougeole s'est montrée sous forme véritablement épidémique en 1893.

La déclaration, qui n'en est pas obligatoire pour le corps médical, d'après la loi du 30 novembre 1892, a été cependant faite par les parents soucieux de la santé de leurs enfants.

Pendant le cours de cette année, la municipalité a eu connaissance de 304 cas, dont là liste entière figure ci-après.

Le chiffre des décès, qui a atteint 36, n'avait jamais été aussi élevé ; le plus haut, constaté en 1887, avait été de 22 seulement.

Ce sont surtout de tout petits enfants de quelques mois qui ont été particulièrement décimés, (un seul adulte, soldat du 76e Régiment d'infanterie, âgé de 23 ans, vient faire exception dans cette hécatombe).

Pour la plupart d'entre ces décédés (15), la complication de broncho-pneumonie a été indiquée sur les certificats de décès ; une fois la diphtérie est venue aider la rougeole à enlever plus sûrement un enfant de 3 ans.

Les mois, dans le cours desquels la rougeole a été la plus meurtrière, sont ceux de mai, juin et juillet, pendant lesquels le chiffre des décès, en 30 jours, dépassait de beaucoup celui atteint annuellement, dans le cours des autres années.

Au début de l'année 1893, les cas semblent plus fréquents dans la moitié Est de la ville, mais peu à peu les foyers se multiplient et nous voyons des rubéoliques dans tous les quartiers ; toutes les écoles fournissent leur contingent ; quoiqu'il soit interdit d'admettre un enfant dont un frère est atteint d'affection contagieuse, ceux-ci fréquentent encore l'école pendant la période d'incubation, et la contagion s'opère avec la plus grande facilité, comme le montre le nombre des cas déclarés, nombre qui ne serait rien certainement, s'il pouvait être comparé au chiffre réel des cas, dont évidemment la plupart n'ont pas été connus.

Les tableaux suivants donnent la marche de l'épidémie.

1893

1	15 janvier.	G.	1 an.	faubourg Saint-Jean, 98.	Décédé.	
2	23 »	F.	4 a. 1/2	rue Sainte-Catherine, 43.		
3	26 »	F.	3 a. 1/2	rue d'Escures, 11.		
4	27 »	F.	17 ans.	rue des Grands-Ciseaux, 55.		
5	27 »	F.	13 »	rue de Recouvrance, 24.		
6	28 »	F.	4 »	rue de la Bascule, 1 bis.		
7	29 »	F.	5 »	cloît. St-Pierre-Empont, 3		
8	2 février.	G.	9 mois	quai des Augustins, 32.	Décédé.	
9	3 »	F.	4 ans.	rue des Grands-Ciseaux, 2		parente du n° 2.
10	3 »	F.	4 »	id.		sœur du n° 9.
11	3 »	F.	6 »	rue du Poirier, 27.		
12	10 »	F.	15 »	rue de la Bretonnerie, 22.		
13	15 »	G.	3 »	rue Louis-Roguet, 15.		
14	15 »	F.	6 »	id.		sœur du n° 13.
15	22 »	G.	20 »	place Bannier, 6.		
16	24 »	F.	14 »	rue de la Bretonnerie, 22		sœur du n° 12.
17	27 »	G.	17 mois.	rue des Noyers, 7.	Décédé p. complication de broncho-pneumon	
18	28 »	F.	5 ans.	rue Bannier, 36.		
19	1er mars.	G.	6 »	place de la République, 2.		
20	6 »	F.	2 a.1	cloître Saint-Benoît, 4.	Décédée (b.-pneumon.).	
21	8 »	G.	5 ans	faubourg Bannier, 166.		
22	10 »	F.	7 »	rue des Albanais, 5.		
23	10 »	G.	6 »	r. du Château-Gaillard, 26.		
24	10 »	F.	6 »	rue des Grands-Ciseaux, 33.		
25	12 »	G.	3 »	rue Coquille, 3.		
26	12 »	F.	5 »	rue de Vierzon, 11.		
27	14 »	G.	3 »	rue de Bourgogne, 145.		
28	14 »	G.	5 »	rue de Vierzon, 11.		
29	15 »	F.	2 »	rue Neuve, 3.		
30	15 »	F.	15 mois.	rue de Bourgogne, 130.	Décédée.	
31	15 »	F.	4 ans.	place Sainte Croix, 2.		
32	17 »	F.	5 »	rue de Loigny, 13.		
33	17 »	G.	11 »	rue des Trois Maries, 11.		
34	17 »	G.	7 »	faubourg Bannier, 166.		frère du n° 21.
35	17 »	G.	3 »	id.		fre des nos 21 et 34
36	18 »	G.	3 »	rue de la Charpenterie, 66.		
37	18 »	G.	5 a.1/2	rue de Châteaudun, 7.	Décédé.	
38	18 »	F.	3. ans.	faubourg Bannier, 210.		
39	19 »	F.	3 »	venelle du Ponceau.		
40	21 »	G.	4 a.1/2	rue de Vierzon, 11.		frère du n° 28.
41	21 »	G.	3 ans.	rue de la Charpenterie, 79.		
42	21 »	G.	5 »	faubourg Bannier, 210.		frère du n° 38.
43	23 »	G.	5 »	rue des Albanais, 5.		frère du n° 22.
44	23 »	G.	4 »	faubourg Bannier, 166.		frère du n° 21.
45	23 »	F.	25 mois.	id.		sœur du précéd.
46	24 »	F.	30 ans.	rue Pereira, 3.		
47	24 »	F.	6 »	id.		enfant du n° 46.
48	24 »	F.	14 mois.	id.		id.
49	24 »	G.	4 ans.	id		id.
50	24 »	F.	7 »	cité Chevalier (Vopulants).		
51	25 »	G.	6 ans.	boul Alexandre-Martin, 44		
52	25 »	G.	7 »	id.		frère du n° 51.
53	26 »	G.	5 »	rue des Murlins, 50.		
54	26 »	F.	6 »	faubourg Bannier, 150.	Décédée.	

55	26 mars.	F.	5 »	rue Sainte-Anne, 34.		
56	29 »	G.	7 »	rue Saint-Euverte, 27.		
57	30 »	G.	18 mois	rue Sainte-Anne, 34.		frère du n° 55.
58	30 »	G.	6 ans.	rue des Gourdes, 15.		
59	30 »	G.	5 »	rue des Charretiers, 9.		
60	30 »	F.	3 »	id.		sœur du n° 59.
61	30 »	F.	1 »	id.	Décédée (b.-pneumonie)	sœur d. n°s 59, 60
62	30 »	F.	2 »	rue des Chats Ferrés, 11.	Décédée.	
63	1er avril.	F.	10 mois.	faubourg Bannier, 100.		
64	2 »	F.	5 ans.	rue de Coulmiers, 37.		
65	3 »	F.	5 »	cité Chevalier (Vopulants).		
66	3 »	F.	2 a. 1/2	rue du Poirier, 42.		
67	4 »	F.	8 ans.	rue du Colombier, 47.		
68	5 »	G.	4 »	cloître Saint-Benoît, 3.		
69	5 »	G.	7 »	venelle des Sansonnières.		
70	7 »	F.	10 »	faubourg Bannier, 94.		
71	7 »	G.	18 »	rue Sainte-Catherine, 36.		
72	7 »	G.	6 mois.	rue Guignegault, 48.	Décédé.	
73	7 »	G.	7 ans.	rue de Bourgogne, 1.		
74	8 »	G.	6 »	rue Bannier, 97.		
75	8 »	F.	6 a. 1/2	rue des Murlins, 12.		
76	8 »	F.	5 ans.	rue de la Poterne, 23.		
77	10 »	F.	4 »	rue d Illiers, 54.		
78	10 »	G.	3 »	boulev Saint-Vincent, 10.		
79	11 »	G.	7 a. 1/2	rue de la Charpenterie, 66.		
80	11 »	F.	7 ans.	rue de Bourgogne, 263.		
81	11 »	F.	2 »	rue Creuse, 1.	Décédée (b.-pneumonie)	
82	12 »	G.	7 »	rue Jacquart, 10.		
83	12 »	F.	12 »	faubourg Bannier, 54.		
84	12 »	G.	14 mois.	rue aux Os, 12.		
85	12 »	F.	8 ans.	rue d'Illiers, 15.		
86	13 »	G.	23 mois.	quai Cypierre, 12.		
87	15 »	G.	2 ans.	rue du Grenier-à-Sel, 2.		
88	16 »	F.	17 »	faubourg Bourgogne, 59.		
89	17 »	G.	7 »	rue de l'Immobilière, 4.		
90	18 »	F.	29 mois.	rue du Poirier, 45.		
91	18 »	F.	7 »	quai du Roi, 45.		
92	18 »	F.	6 ans.	id.		sœur du n° 91.
93	18 »	G.	5 »	rue des Charretiers, 63.		
94	18 »	F.	7 »	faubourg Bourgogne, 59.		
95	18 »	H.	21 »	rue Neuve, 34.		
96	18 »	F.	5 »	rue Francklin. 2.		
97	20 »	G.	1 »	faubourg Bannier, 61.	Décédé.	
98	20 »	G.	4 »	rue des Murlins, 12.		
99	20 »	G.	2 a. 1/2	rue de la Charpenterie, 38.		
100	20 »	F.	5 ans.	rue de Loigny, 30.		
101	21 »	F.	3 »	route d'Olivet, 44.		
102	21 »	G.	3 »	rue Royale, 41.		
103	22 »	F.	10 »	rue Saint-Marc, 12.		
104	24 »	F.	5 »	rue de la Bourie-Rouge, 5.		
105	24 »	G.	14 »	à l'Abattoir.		
106	24 »	F.	43 »	—		mère du n° 150.
107	24 »	G.	5 »	faub. Saint-Vincent, 135.		
108	25 »	F.	17 mois.	rue Jacquart, 14.		
109	26 »	G.	8 ans.	rue Charles-Sanglier, 5.		
110	26 »	F.	5 »	rue Bannier, 60.		
111	26 »	F.	4 »	rue du Grenier-à-Sel, 15.		

112	26 avril.	G.	33 mois.	rue des Carmes, 59.		
113	26 »	F.	13 ans.	à l'Abattoir.		
114	26 »	F.	4 »	rue de l'Immobilière, 14.		
115	26 »	F.	4 »	rue des Beaumonts, 20.		
116	27 ».	G.	5 »	rue Chanzy, 8.		
117	27 »	F.	20 mois.	rue de la Corroierie, 12..	Décédée.	
118	27 »	G.	5 ans.	rue d'Illiers, 37.		
119	27 »	F.	4 »	rue d'Illiers, 39.		
120	28 »	F.	6	place du Vieux-Marché, 9.		
121	29 »	G.	5 a. 1/2	rue de la Hallebarde, 1.		
122	29 »	F.	19 mois.	venelle du Ponceau.		
123	29 »	G.	6 ans.	rue du Tabour, 41.		
124	29 »	G.	6 »	rue Louis-Roguet, 18.		
125	1er mai.	G.	6 »	rue des Carmes, 13.		
126	1 »	G.	25 »	rue Bannier, 45.		
127	1 »	G.	5 »	cité des Fleurs, 3.		
128	1 »	F.	3 »	id.		sœur du n° 127.
129	1 »	F.	4 »	rue Charles-Sanglier, 3.		
130	2 »	G.	5 »	boulevard Rocheplatte, 5.		
131	2 »	F.	5 »	rue des Grands-Champs, 17		
132	2 »	F.	6 »	rue Royale, 10.		
133	3 »	G.	10 »	rue de Loigny, 10.		
134	3 »	G.	5 a. 1/2	rue du Tabour, 25.		
135	3 »	G.	4 ans.	rue du Colombier, 31.		
136	4 »	G.	3 »	rue du Grenier-à-Sel, 1.		
137	4 »	G.	2 »	rue Bannier, 60.		frère du n° 110.
138	4 »	F.	3 a. 1/2	id.		sœur des n° 110, 137
139	5 »	G.	4 a 1/2	rue Louis-Roguet, 18.		frère du n° 124.
140	5 »	G.	3 ans.	faubourg Bannier, 375.		
141	5 »	G.	3 a. 1/2	rue des Turcies, 32.		
142	6 »	F.	3 a. 1/2	rue Chanzy, 17.		
143	6 »	G.	5 ans.	boul. de Châteaudun, 80 bis.		
144	6 »	F.	4 »	Marché Porte-Renard, 7.		
145	6 »	F.	3 »	rue de la Gare, 23.		
146	6 »	G.	4 »	rue aux Ligueaux, 29.		
147	9 »	F.	2 »	faubourg Bannier, 47.	Décédée (b.-pneumonie)	
148	9 »	G.	1 »	r. du Grand-Champ de-l'Ech.		
149	9 »	F.	5 »	rue de l'Empereur, 37.		
150	9 »	G.	5 »	rue de la Brétonnerie, 13.		
151	9 »	G.	20 mois.	rue de la Porte-St-Jean, 58.	Décédé (b. pneumonie).	
152	10 »	F.	7 ans.	rue de la Porte-St-Jean, 20.		
153	10 »	F.	5 »	rue des Carmes, 33.		
154	10 »	G.	4 »	place Dunois, 7.		
155	11 »	G.	3 »	rue du Parc, 39.		
156	12 »	F.	5 »	rue Croix-de-Bois, 21.		
157	12 »	F.	8 »	rue Royale, 51.		
158	12 »	F.	9 »	rue de Gaucourt, 16.		
159	12 »	F.	5 »	rue des Carmes, 59.		
160	13 »	G.	4 »	rue d'Avignon, 4.		
161	13 »	G.	5 »	rue du Tabour, 40.		
162	15 »	F.	2 »	rue de Bourgogne, 292.		
163	15 »	G.	4 »	id.		frère du n° 162.
164	15 »	G.	6 »	faubourg Saint-Jean, 19.		
165	15 »	G.	3 »	rue Grison, 13.		
166	15 »	G.	1 »	rue Croix-de-Bois, 29.	Décédé.	
167	15 »	F.	16 mois	rue Saint-Marceau, 31.	Décéd. (b.-pneumonie).	
168	15 »	G.	7 ans.	faubourg Saint-Jean, 32.		

169	16 mai.	F.	3	»	faubourg Bannier, 189 *bis*.		
170	16 »	G.	29	»	r. de la Barrière-St-Marc 50	-	
171	17 »	G.	4	»	faubourg Saint-Jean, 19.		
172	17 »	G.	5	»	rue Guillerault, 28.		sœur du n° 191.
173	17 »	G.	6	»	boul. Alexandre-Martin, 32.	-	frère des n°ˢ 191, 192
174	18 »	G.	5	»	rue Guillerault, 17.		
175	19 »	F.	7	»	v. Toret, faub. Bourgogne.		
176	19 »	G.	5	»	id. id.		
177	19 »	F.	8	»	rue des Curés, 4.		
178	19 »	F.	4 a. 1/2		rue Sous-les-Saints, 17.		- sœur du n° 169.
179	20 »	G.	5 ans.		id. 19.		frère des n°ˢ 169, 198
180	20 »	F.	12	»	rue Bannier, 124.		
181	20 »	G.	1	»	rue Vieille-Levée, 9.	Décédé.	
182	20 »	G.	3	»	rue Vieille-Peignerie, 11.		sœur du n° 201.
183	21 »	F.	7	»	r. du Puits St-Christophe, 2.		
184	22 »	G.	4 mois		rue Saint-Marceau, 22.	Décédé.	
185	22 »	G. -	6 ans.		v. Toret, faub. Bourgogne.	-	
186	23 »	F.	4	»	id. id.		
187	23 »	G.	3	»	rue Bourgogne, 136.		frère du n° 164.
188	26 »	G.	5	»	rue Verte, 68.		
189	26 »	F.	15 mois		Chemin du Halage.	D. a l'Hôt-Dieu (b.-p.).	
190	27 »	F.	6 ans.		rue de la Claye.		
191	27 »	F.	3 a. 1/2		faub. Saint-Vincent, 146		
192	27 »	F.	2	»	id.		frère du n° 175.
193	27 »	G.	18 mois		id.		
194	27 »	F.	8	»	rue Tudelle, 84.		
195	27 »	F.	17	»	rue Guillerault, 28.		
196	27 »	G.	24 ans.		quai Cypierre, 2.		
197	28 »	F.	3	»	marché Porte-Renard, 7.		
198	28 »	F.	7	»	faubourg Bannier, 189 *bis*		
199	29 »	G.	5	»	id.		
200	29 »	F.	4	»	rue Saint-Flou, 11.		
201	31 »	G.	8	»	place du Martroi, 25.		frère des n°ˢ 175, 176
202	31 »	F.	27 mois		id.		s. d. n°ˢ 175, 176, 186
203	1er juin.	G	8	»	boulevard Châteaudun. 1		
204	2 »	G.	8	»	rue Porte-Saint-Jean, 21.		
205	2 »	F.	4	»	rue des Grands-Ciseaux, 18.		
206	2 »	G.	4	»	rue Sainte-Catherine, 48		
207	2 »	F.	9	»	rue Bourgogne, 15.		
208	2 »	G.	4	»	rue Sainte-Catherine. 43.		
209	2 »	G.	5	»	rue des Beaumonts, 7.		
210	2 - »	G.	6	»	rue du Tabour, 29		
211	2 »	F.	4	»	rue des Tanneurs 18.		
212	2 »	F.	11	»	rue des Charretiers, 67.		
213	2 »	F.	6	»	id.		sœur du n° 212.
214	3 »	F.	3	»	rue Gâte-Bois, 1.		
215	3 »	F.	4	»	rue des Turcies, 26.		
216	3 »	G.	4	»	venelle des Sansonnières.		
217	3 »	G.	8	»	rue de Gaucourt.		
218	3 »	G.	8	»	rue du Bœuf-St-Paterne, 27.		
219	4 »	G.	3	»	faubourg Saint-Jean, 53.		
220	6 »	G.	6	»	faubourg Madeleine, 53.		
221	6 »	F.	4	»	rue Malakoff, 6.	Décédée.	
222	6 »	F.	1	»	rue aux Ligneaux, 37.		
223	6 »	F.	2	»	id.		
224	6 »	G.	16 mois		rue Porte-Saint-Jean, 8.		
225	6 »	F.	2 ans.		rue des Beaumonts, 18.		

226	7 juin.	F.	2 »	rue Bourgogne, 108.	Décédée (br.-pneum.).	
227	7 »	F.	12 »	faubourg Bourgogne, 83 bis.		
228	8 »	G.	5 mois	rue Tudelle, 65.		
229	8 »	G.	1 an.	rue Guillerault, 4.	Décédé.	
230	9 »	G.	5 »	faub. Saint-Vincent, 102.		
231	9 »	G.	4 »	rue de la Claye, 4.		
232	9 »	G.	4 »	rue de la Claye, 6.		
233	10 »	G.	2 a. 1/2	rue du Coin-Rond, 5.		
234	10 »	G.	5 ans.	rue Porte-Saint-Vincent, 9.		
235	10 »	G.	4 »	id.		frère du n° 234.
236	10 »	F.	3 »	rue d'Avignon, 4.		
237	10 »	G.	2 »	rue Croix de-Bois, 16.		
238	11 »	F.	2 »	boul. Alexandre-Martin, 52.		
239	12 »	F.	16 »	rue de l Université, 6.		
240	12 »	G.	4 »	rue Saint Paul, 14.		
241	12 »	G.	3 »	rue de Recouvrance, 41.		
242	12 »	G.	3 »	rue Bourgogne, 105.		
243	12 »	F.	4 »	rue Gâte-Bois, 5		
244	12 »	G.	4 »	rue Xaintrailles, 72.		
245	12 »	G.	9 »	rue de Loigny, 39.		
246	13 »	G.	3 »	rue du Réservoir, 7.		
247	13 »	F.	4 »	boulev. Saint-Euverte, 11.		
248	13 »	F.	6 »	rue d'Avignon, 1.		
249	13 »	F.	3 »	rue d'Angleterre, 3.		
250	14 »	F.	2 »	id.	Décédée (br.-pneum.).	
251	14 »	F.	5 »	rue d'Avignon, 6.		
252	14 »	F.	2 »	rue des Sept-Dormants, 7.	Décédée.	
253	15 »	F.	3 »	rue du Réservoir, 7.		
254	16 »	G.	2 »	rue du Cheval-Rouge, 33.		
255	17 »	F.	2 »	rue de l'Ecu, 6.		
256	19 »	F.	16 mois	rue du Petit-Puits, 12.		
257	19 »	F	2 ans.	rue des Charretiers, 3.	D. à l'H.-Dieu (b.-p.).	
258	20 »	G.	2 a. 1/2	r. du Bourdon-Blanc, 58 bis.		
259	20 »	G.	1 an.	rue de la Concorde, 14.	Décédé.	
260	22 »	G.	0 »	rue Muzaine, 8.		
261	23 »	G.	2 »	id.		
262	23 »	G.	3 »	rue des Beaumonts, 14.		
263	24 »	F.	13 »	rue de la Bretonnerie, 62.		
264	24 »	G.	3 »	rue Charles-Sanglier, 1.		
265	24 »	F.	6 »	id.		sœur du n° 264.
266	24 »	G.	4 mois	rue du Cheval-Rouge, 25		
267	26 »	G.	6 ans.	faub. Bourgogne, 83 bis.		frère du n° 227.
268	26 »	G.	7 »	rue de Gaucourt.		
269	27 »	F.	3 »	boul. Alexandre-Martin, 30.		
270	27 »	G.	4 »	rue de la Poterne, 38.		
271	27 »	G.	7 »	id.		frère du n° 270.
272	27 »	F.	3 »	faubourg Bourgogne, 41.	Décédée (br.-pneum.).	
273	28 »	F.	21 mois	rue d'Avignon, 4.		
274	29 »	F.	5 ans.	rue des Charretiers, 65.		
275	30 »	G.	9 »	rue Pourpoinel, 1.		
276	1er juillet.	G.	9 mois	Crèche de l'hôpital général.	Décédé.	
277	1 »	F.	11 ans.	place Dunois, 3.		
278	2 »	F.	7 mois	rue du Petit-Puits, 12.		
279	5 »	G.	3 ans.	faubourg Saint-Jean, 64.	Décédée (br.-pneum.)	
280	6 »	G.	15 mois	rue Croche-Meffroy, 1.	Décédé.	
281	6 »	G.	5 ans.	rue des Beaumonts, 3.		
282	7 »	G.	2 »	rue des Beaumonts, 27.		

283	8 juillet.	G.	25 mois	rue d'Avignon, 11.		
284	9 »	G.	16 »	rue du Coulon, 3.		
285	10 »	F.	21 ans.	venelle des Cordiers, 4.		
286	10 »	G.	20 mois	rue des Chats-Ferrés, 10.	Décédé.	
287	11 »	F.	10 »	rue Stanislas-Julien, 1.	Décédee (br.-pneum.).	
288	12 »	G.	3 ans.	faubourg Saint-Jean, 74.	D. à l'H.-D. (dipthérie).	
289	13 »	F.	15 mois	rue de la Bretonnerie, 21.		
290	13 »	G.	2 ans.	rue Parisis, 6 bis.		
291	15 »	G.	2 »	rue d'Illiers, 74.		
292	17 »	G.	12 »	rue d'Illiers, 93.		
293	17 »	G.	6 »	id.		frère du n° 292.
294	17 »	G.	5 »	id.		frère des n°° 292, 293
295	17 »	F.	3 »	id.		s. n°° 292, 293, 294
296	17 »	F.	6 »	place du Châtelet 12.		
297	25 »	G.	18 mois	faubourg Saint-Jean, 64.	Décédé (br.-pneum.).	frère du n° 279.
298	27 »	F.	3 ans.	rue d'Illiers, 76.		
299	4 août.	F.	3 »	rue du Cheval-Rouge, 38.		
300	13 »	F.	2 »	rue Bannier, 48.		
301	9 octobre	F.	30 »	rue de la Lionne, 9.		
302	2 novemb.	G.	9 mois	rue Ducerceau, 6.		
303	17 décemb.	F.	4 ans.	rue Sainte-Catherine, 43.		
304	21 »	H.	23 »	76e régiment de ligne.	Decedé à l'hôp. milit.	

A partir du mois d'août, l'épidémie s'arrête peu à peu ; quelques cas isolés sont encore constatés de ci de là, puis nous revenons au chiffre normal annuel et nous n'avons plus, en 1894, que 16 cas déclarés, comme le montre la liste ci-dessous, et, parmi eux, aucun décès.

1894

1	2 janvier.	G	3 ans.	rue des Murlins, 32.		
2	12 mars.	G.	8 »	place du Martroi, 11.		Va en classe au lycée
3	12 »	F.	7 »	rue des Sept-Dormants, 9.		
4	24 »	G.	8 »	rue Royale, 2.		Lycée.
5	27 »	G.	10 »	faubourg Bannier, 189 bis.		-id.
6	2 avril.	G.	7 a 1/2	boul. Alexandre-Martin, 80		id.
7	2 »	F.	4 ans.	rue Saint-Éloi, 9.		
8	5 »	F.	6 »	rue Royale, 2.	Sœur du n° 4.	
9	5 »	F.	5 »	id.	id	
10	27 »	G.	6 a. 1/2	faubourg Saint-Vincent, 31.		Lycée.
11	2 mai.	G.	4 ans.	rue des Grands-Ciseaux, 3		id.
12	11 »	G.	7 »	rue Saint-Éloi, 9.	Frère du n° 7.	id.
13	18 »	F	10 »	rue des Grands Ciseaux, 3	Sœur du n° 11.	
14	18 »	F	9 »	id.	id.	
15	1er juin.	G.	7 a 1/2	rue de la Fauconnerie, 1		
16	27 août.	F.	17 ans.	place du Martroi, 51.		

Malgré les mesures hygiéniques prises depuis quelques années dans les écoles, l'épidémie de 1893 n'a pu être enrayée, et il semble bien difficile de lutter contre la contagion rubéolique, à moins de mesures véritablement draconiennes ; nous verrons, à ce sujet, ce que l'avenir nous réserve.

En 1895, nous retrouvons quelques décès, épars dans divers quartiers.

Nous n'avons plus, à partir de ce moment, de déclarations faites par les familles.

1895

1	Juillet.	F.	1 an.	rue de Bourgogne, 59.	Décédée.
2	Septembre.	G.	3 mois	rue de la Corroierie, 16.	Décédé.
3	»	G.	11 ans.	rue de la Bourie-Rouge, 16.	
4	Octobre.	F.	15 mois	rue Croix-de-Bois, 15.	Décédée (bronncho-peumon.)
5	»	F.	3 ans.	quartier Duportail.	
6	Novembre.	F.	1 »	rue de la Charpenterie, 4.	
7	»	F.	4 »	Hôtel-Dieu.	Décédée.
8	Décembre.	F.	2 »	rue Sainte-Catherine, 26.	
9	»	F.	7 »	rue d'Illiers, 50.	Décédé.
10	»	F.	2 »	rue du Canon, 2.	Décédée (broncho-pneumon.)
11	»	F.	6 ans	faubourg Bannier, 497.	Décédée (broncho-pneumon.)

En 1896, l'épidémie des derniers mois de 1895 se continue pendant les premiers mois et s'éteint en juillet, comme le montre la colonne funèbre ci-dessous. 10 sur 25 ont été emportés par la broncho-pneumonie.

1896

1	Janvier.	G.	9 mois	faubourg Bannier, 160.	Décédé.
2	»	G.	30 »	faubourg Bannier, 225.	Décédé.
3	»	G.	1 an.	rue des Charretiers, 13.	Décédé (broncho-pneumonie).
4	»	F.	18 mois	rue de l'Ecu-d'Or, 11.	Decede (broncho-pneumonie).
5	»	G.	11 mois	rue Creuse, 10.	Décédée (broncho-pneumonie).
6	»	G.	27 mois	faubourg Bannier, 169.	D. à l'Hôt.-Dieu (bronc.-pne.).
7	»	F.	19 mois	rue des Curés, 13.	Décédée.
8	»	F.	18 »	Hôpital général.	Décédée.
9	»	G.	1 an.	rue d'Illiers, 84.	Décédé.
10	Février.	G	7 mois	rue d'Angleterre, 26.	Décédé à l'Hôtel-Dieu.
11	»	H.	21 ans.	131e Rég. d'infanterie.	Décédé à l'Hôtel Dieu.
12	»	F.	1 »	Crèche de l'hôpital.	Décédée.
13	»	H.	21 »	131e Rég. d'infanterie.	D. à l'Hôt -Dieu (bronc-pneu.).
14	»	F.	7 mois	faubourg Madeleine, 45.	Décédée.
15	»	F.	15 ans.	rue Stanislas-Julien, 28.	Décédée.
16	»	H.	21 »	131e Rég. d'infanterie.	Décédé à l'Hôtel-Dieu.
17	»	F.	1 »	Crèche de l'hôpital.	Décédé.
18	»	G.	27 mois	rue Tudelle, 66.	Decede broncho-pneumonie.
19	»	G.	15 mois	Crèche de l'hôpital.	Decede (broncho-pneumonie).
20	Mars.	F.	12 ans.	quai St-Laurent, 16.	Décédée.
21	»	F.	11 mois	rue des Turcies, 26.	Décédée.
22	»	F.	9 »	rue Tudelle, 55	Decede (broncho-pneumonie).
23	Mai.	G.	3 ans.	rue St-Marceau, 47.	Décédé.
24	»	G.	26 mois	rue Vieille Levée, 1.	Décede (broncho-pneumonie).
25	Juillet.	F.	22 mois	rue Guinegault, 22.	Décédée (bronoho-pneumon.)

§ IV.

Scarlatine

Chaque année voit réapparaître la scarlatine à Orléans, mais sans qu'on puisse affirmer qu'elle revêt la forme véritablement épidémique.

En 1893 en effet, comme le démontre la liste ci-après qui renferme tous les cas dont la déclaration a été faite à la mairie, un seul décès s'est produit sur 29 malades. Notons, en passant, que sept fois les parents ont fait appel au service municipal de désinfection.

En 1894, 80 cas ont été déclarés conformément à la loi, ils ont donné lieu à 9 décès seulement, un des décédés même ne doit pas être compté, c'est un enfant qui a été amené d'Olivet à l'Hôtel-Dieu d'Orléans, où il est mort. 5 autres ont eu lieu dans les salles militaires, 4 décédés appartenaient au 32e d'artillerie, un au 76e régiment d'infanterie.

Le service municipal de désinfection a fonctionné 19 fois pendant le cours de cette année.

En 1893, 23 cas sur 29 se sont déclarés dans le quartier Est de la vil'e, en 1894, le même quartier a donné a·ile à 48 malades sur 80. Sur les 109 cas de ces deux années, 46 même se sont montrés dans la rue Bourgogne et toutes les rues avoisinantes et y aboutissant, un des quartiers les plus populeux de la ville, quant à la population infantile ; c'est là que paraissait être le centre de la contagion, surtout aux mois de juillet, août, septembre et octobre.

Toutes les années de l'enfance semblent avoir payé leur tribut à la maladie ; on voit en effet des enfants de quelques mois à côté d'adolescents et de quelques adultes.

En 1895, 86 cas et 13 décès, dont 8 militaires.

En 1896, 14 cas seulement et point de décès.

La liste suivante indique les cas déclarés avec l'âge des malades, la date de leur déclaration, leur adresse et, pour quelques-uns, la date de leur décès. Cette liste dispensera d'entrer dans plus de détails.

1893

1	Janvier.	G.	18 mois	rue du Pressoir-Neuf, 4.	Décédé à l'Hôtel-Dieu.
2	1er Février.	F.	4 an.	faubourg Bourgogne, 33.	
3	14 »	G.	8 »	faubourg Bannier, 94.	
4	30 Mars.	G.	8 »	rue de la Bourie-Rouge, 6.	
5	13 Avril.	F.	6 »	rue du Tabour, 33.	
6	22 »	F.	17 »	faubourg Saint Vincent, 41	
7	3 Mai.	F.	9 a. 1/2	rue Bannier, 35.	
8	12 »	F.	13 ans.	rue Bourgogne, 324.	
9	12 »	G.	3 »	id.	Frère du no 8.
10	23 »	G.	8 »	rue Charles-Sanglier, 21.	
11	5 Juin.	F.	11 »	rue des Trois-Clefs.	
12	5 »	G.	7 »	rue Louis-Roguet, 1.	
13	9 »	F.	5 »	rue Royale, 76.	
14	10 »	G.	13 »	rue de la Tour-Neuve, 26.	
15	13 »	F.	21 »	rue des Trois-Clefs.	Sœur du no 11.
16	26 »	F.	7 »	rue Royale, 90.	
17	28 »	G.	5 »	faubourg Saint-Vincent, 10.	
18	28 »	G.	17 »	rue d'Illiers, 89.	
19	15 Juille.	F.	8 »	rue de la Gare, 47.	
20	17 »	G.	7 »	boul. Alexandre-Martin, 42	
21	24 »	F.	10 »	rue des Bons-Enfants, 4.	
22	26 »	F.	12 »	rue de la Chaude-Tuile, 8.	
23	1er Octobre	G.	17 »	rue du Colombier, 29	
24	2 »	F.	8 »	rue des Albanais, 6.	
25	14 Novem.	F.	8 »	quai Saint-Laurent, 26.	
26	18 »	F.	17 »	rue Sainte-Catherine, 36.	
27	19 Décem.	F.	12 »	boul. Alexandre-Martin, 47.	
28	26 »	G.	9 »	rue du Tabour, 31.	
29	30 »	G.	12 »	rue du Poirier, 29.	

Sur ces 29 cas, nous n'avons fort heureusement eu qu'un décès à enregistrer, il n'en est plus de même pour les deux années suivantes.

1894

1	12 Janvier.	G.	13 ans.	boulevard Rocheplatte, 3.	
2	15 »	F.	21 mois	rue Xaintrailles, 40.	
3	26 »	F.	8 ans.	rue du Tabour, 8	
4	7 Février.	G.	4 »	rue Croix-Péchée, 6.	
5	20 »	F.	5 »	rue de Bel-Air, 3.	
6	8 Mars.	F.	6 »	rue de Gourville, 3.	
7	28 »	G.	9 »	rue de Bel-Air. 3	Frère du no 5.
8	30 »	F.	4 »	rue Bourgogne, 19.	
9	»	H.	22 »	76e régiment de ligne.	Décédé à l'Hôtel-Dieu
10	7 Avril.	G.	12 »	rue du Tabour, 35	
11	13 »	G.	11 »	pensionnaire au Lycée.	
12	17 »	G.	6 »	r. du Château-Gaillard, 19.	
13	17 »	G.	11 »	rue de la Lionne, 27.	
14	21 »	G.	31 mois	rue Desfriches, 19.	
15	26 »	G.	6 ans.	rue Bourgogne, 274.	

16	2 Mai.	G.	5 »	faubourg Bannier, 167 *bis*	
17	5 »	F.	9 »	faubourg Bannier, 126.	
18	17 »	G.	5 »	rue du Tabour, 12.	
19	23 »	F.	8 »	rue des Trois-Maries, 14	
20	28 »	F.	5 »	faubourg Bannier, 237.	
21	28 »	F.	22 »	id.	
22	»	F.	7 a 1/2.	*Olivet*	Décédée à l'Hôtel-Dieu.
24	4 Juin.	G.	15 ans.	rue de Patay, 8.	
25	»	G.	6 »	rue des Closiers, 10.	id.
26	6 »	G.	12 »	rue Royale, 82.	
27	9 »	G.	6 »	rue d'Iliers, 39.	
28	10 »	G.	17 »	rue du Colombier, 39.	
29	12 »	G.	12 »	rue du Colombier, 37.	
30	16 »	G.	16 »	rue du Pot-de-Fer, 12.	
31	18 »	F.	17 »	rue du Pot-de-Fer, 1.	Décédée.
32	18 »	G.	6 a. 1/2.	rue du Bœuf-St-Paterne, 21.	
33	19 »	F.	13 ans.	rue du Bourdon Blanc, 22.	
34	26 »	G.	15 »	rue du Colombier, 18.	
35	28 »	G.	13 mois	rue Bannier, 60.	
36	»	G.	6 ans.	rue du Pot-de-Fer, 23.	Décédé.
37	6 Juillet.	G.	11 »	gendarmerie.	
38	13 »	G.	9 »	rue de la Lionne, 39 *bis*.	
39	13 »	F.	12 »	id.	Sœur du n° 38.
40	13 »	G.	6 »	rue Bourgogne, 186.	
41	16 »	F.	6 »	rue Bannier, 15	
42	18 »	G.	14 »	rue Bourgogne, 31.	
43	18 »	F.	13 »	rue Ducerceau, 5.	
44	19 »	F.	14 »	rue Bourgogne, 77.	
45	20 »	G.	4 »	rue de la Charpenterie, 44.	
46	23 »	G.	10 mois	rue des Carmes, 25.	
47	24 »	G	28 ans.	rue de la Gare, 13.	
48	30 »	F.	5 »	faubourg Bannier, 207.	
49	5 août.	F.	6 »	rue du Puits-de-Linière, 4.	
50	6 »	F.	26 »	rue de la Charpenterie, 47.	
51	10 »	F.	8 »	rue de la Charpenterie, 28.	
52	13 »	F.	6 »	rue de l'Université, 2	
53	14 »	G.	7 »	rue du Poirier, 12.	
54	20 »	G.	6 »	rue Bourgogne, 73.	
55	25 »	G.	11 »	rue Bourgogne, 64.	
56	28 »	F.	34 »	rue Bourgogne, 59.	
57	11 septem.	G	5 ans.	rue Saint-Flou, 9.	
58	11 »	F.	3 »	rue Saint-Flou, 5.	
59	12 »	F.	9 mois	Marché Porte-Renard, 3.	
60	13 »	F.	29 ans.	rue Saint-Flou, 11.	
61	27 »	F.	40 »	rue Creuse, 14.	
62	1er octob.	F.	16 »	id.	fille du n° 61.
63	6 »	G.	4 »	rue de Bourgogne, 1.	
64	9 »	F.	11 »	rue de la Cholerie, 10.	
65	11 »	F.	6 »	rue de Bourgogne, 171.	
66	11 »	F.	7 »	rue de la Poterne, 33.	
67	13 »	F.	4 »	rue Notre Dame, 3.	
68	22 »	F.	7 »	quai Saint-Laurent, 16.	
69	23 »	F.	3 »	rue du Poirier-Rond, 20.	
70	29 novemb.	G.	7 »	rue de la Poterne, 26.	
71	»	H.	22 »	32e d'artillerie.	décédé à l'Hôtel-Dieu.
72	Décembre.	H.	22 »	id.	id.
73	»	H.	21 »	id.	id.

74	Décembre.	H.	18	»	id.	id.
75	3 »	G.	6	›	rue des Montées, 26.	
76	5 »	G.	6	»	rue des Bouchers, 2.	
77	5 »	G.	5	»	rue de Bourgogne, 175.	
78	10 »	F.	6	»	rue de l'Empereur, 17.	
79	10 »	G.	7	›	rue Tudelle, 78.	
80	12 »	F.	4	»	rue du Gros Anneaux, 7	

1893

1	Janvier.	H.	21	ans.	32e d'artillerie.	décédé à l'Hôtel-Dieu.
2	»	F.	2	»	rue de la Bourie-Rouge, 44.	
3	»	F.	11	»	faub. Saint-Vincent, 20.	
4	Février.	F.	22	»	rue de Recouvrance, 49.	
5	»	F.	14	›	rue du Puits-Landeau, 4.	
6	•»	G.	15	»	rue du Poirier, 38.	
7	»	F.	3	»	rue Charles Sanglier, 14.	
8	»	G.	9	»	rue Saint-Marc, 47.	
9	»	G·	11	›	id.	frère du n° 8.
10	Mars.	F.	15	»	rue de Loigny, 19.	
11	›	G.	2	»	rue des Closiers, 40.	décédé.
12	»	H.	22	›	30e d'artillerie	décédé à l'Hôtel-Dieu.
13	»	H.	21	»	id.	id.
14	»	H.	21	»	7.e de ligne.	id.
15	»	H.	16	»	rue de la Gare, 39.	
16	»	G.	3 a.1/2		faubourg Bannier, 16.	
17	»	G.	7	ans.	boul. Alexandre-Martin, 44.	
18	›	G.	10	»	rue Guillerault, 20.	
19	»	G.	13	»	id.	frère du n° 18.
20	»	F.	15	»	rue Verte, 68.	
21	»	F.	25	»	rue Bourgogne, 1.	
22	»	F.	5	»	id.	fille du n°. 21.
23	›	G.	3	»	id.	fils du n° 21.
24	»	G.	18	»	place du Châtelet, 17.	
25	»	F.	5	»	rue aux Os, 8.	
26	Mars.	G.	9	ans.	rue aux Os, 8.	frère du n° 25.
27	»	G.	5	»	faubourg Madeleine, 63.	
28	»	F.	9 a.1/2		rue de la Bretonnerie, 23.	
29	»	G.	12	»	boulevard Rocheplatte, 15.	
30	»	G.	7	»	rue de Chanzy, 21.	
31	»	F.	11	»	rue du Grenier-à-Sel, 10.	
32	»	F.	16	›	rue de Limare, 20.	
33	Avril.	H.	21	»	76e de ligne.	décédé à l'Hôtel-Dieu.
34	»	H.	21	»	id.	id.
35	»	G.	13	»	rue du Poirier, 15.	
36	»	F.	6	»	rue de Limare, 24.	
37	»	H.	36	»	rue de l'Ecu d Or. 2.	
38	»	G.	5	»	rue des Charretiers, 25.	
39	»	F.	6	»	rue du Puits-St-Laurent, 3.	
40	»	G.	2	»	r. des Ormes-St-Victor, 10.	
41	»	G.	16	»	rue Bourgogne, 143.	
42	»	G.	16	»	faub. Saint-Vincent, 89.	
43	»	F.	5	»	rue aux Os, 32.	
44	»	H.	21	»	rue d'Illiers, 89.	
45	»	G.	5	»	rue des Charretiers, 6.	

46	Avril.	F.	17 »	place du Martroi, 14.	
47	»	G.	9 »	rue d'Illiers, 9.	
48	Mai.	F.	1 a. 1/2	rue de la Chaude-Tuile, 14.	décédée.
49	»	F.	11 »	rue des Beaumonts, 30.	
50	»	G.	5 »	rue Royale, 76.	
51	»	G.	22 »	rue de la Charpenterie, 37.	
52	»	G.	7 »	rue Saint-Marc, 79.	
53	»	H.	23 »	76e de ligne.	décédé à l'Hôtel-Dieu.
54	»	G.	2 »	rue Serpente, 3.	
55	»	F.	28 »	faubourg Bannier, 55.	
56	»	F.	34 »	r. des Ormes St-Victor, 6.	
57	»	H.	30 »	place de la Bascule, 1.	
58	Juin.	G.	5 »	rue des Chats-Ferrés, 12.	décédé.
59	»	G.	3 »	rue des Montées, 34.	décédé (néphrite).
60	»	G.	4 »	rue Desfriches, 4.	
61	»	H.	22 »	place de l'Etape, 14.	
62	»	G.	8 »	place du Châtelet, 42.	
63	»	F.	8 »	rue des Murlins, 33.	
64	»	G.	16 »	place du Martroi, 31.	
65	»	G.	11 »	rue de Recouvrance, 36.	
66	»	G.	4 »	rue des Curés, 14.	
67	Juillet.	H.	21 »	76e de ligne.	décédé à l'Hôtel-Dieu.
68	»	F.	8 a. 1/2	rue du Tabour, 10.	
69	»	F.	3 ans.	rue Sainte-Catherine, 10.	
70	»	F.	20 »	rue Grison, 2.	
71	»	F.	9 »	rue des Carmes, 29.	
72	Août.	F.	4 »	rue de la Poterne, 23 bis.	
73	»	G.	8 »	rue Tudelle, 60.	
74	»	F.	4 »	rue de la Charpenterie, 68.	
75	»	F.	4 »	rue Tudelle, 60.	sœur du n° 73.
76	»	F.	10 »	rue du Tabour, 28.	
77	»	G.	5 »	rue Porte-Saint-Jean, 25.	
78	»	G.	4 »	id.	frère du n° 77.
79	Septembre.	G.	7 »	rue du Poirier, 24.	
80	Octobre.	G.	7 »	route d'Olivet, 55.	
81	»	F.	11 »	rue de l'Etelon, 12.	
82	Novembre.	G.	11 »	rue des Charretiers, 27.	
83	»	G.	4 »	rue Fougereau, 1.	
84	Décembre.	F.	14 »	rue Saint-Etienne, 14.	
85	»	F.	31 »	place du Châtelet, 42.	
86	»	F.	3 »	venelle de la Pèlerine.	décédée.

1896

1	Janvier.	G.	6 ans.	rue de la Claye.	
2	Février.	G.	16 »	rue Verte, 6.	
3	Mars.	G.	9 mois.	rue de la Lionne, 16.	
4	Avril.	F.	3 ans.	rue Bourgogne, 221.	
5	Juillet.	F.	9 »	rue Royale, 16.	
6	»	G.	4 »	rue Saint-Eloi, 4.	
7	»	F.	8 »	faubourg Madeleine, 23.	
8	»	G.	5 »	rue Saint-Marceau, 4.	
9	Août.	F.	7 »	rue de la Cerche, 10.	
10	Octobre.	H.	20 »	quai du Châtelet, 36.	
11	Décembre.	G.	5 a. 1/2	place du Martroi, 16.	
12	»	F.	8 »	rue des Grands-Champs, 3.	
13	»	G.	4 »	rue de la Fauconnerie, 2.	
14	»	F.	41 »	rue de la Charpenterie, 37.	

§ V.

Coqueluche

La coqueluche a régné endémiquement à Orléans en 1893 et 1894, cependant, en 1893, nous n'avons pas relevé de certificat de décès, où cette affection ait été indiquée comme cause de mort; en 1894, nous en avons rencontré 2, un en juin (une fillette de 4 ans, née à Auxerre, qui étant de passage à Orléans et voyageant dans de mauvaises conditions, est venue s'échouer et mourir à l'Hôtel-Dieu, avec complication de broncho-pneumonie); puis nous en trouvons une seconde agée de 2 mois, mourant en décembre dans la rue Basse-d'Ingré, 41.

Peut-être d'autres décès ont-ils eu lieu, mais ils ont été aggravés, très vraisemblablement par une complication et c'est sous le vocable de cette complication qu'ils ont été désignés, sans que le terme initial de coqueluche ait été indiqué.

En 1895, de mars à octobre, cette affection semble prendre le caractère épidémique, les cas sont très nombreux et nous relevons dans cette période de 8 mois, 17 décès dont 6 avec mention de broncho-pneumonie ; ces 17 décès se répartissent ainsi : 2 en mars, mai, juin, 6 en juillet, 4 en septembre et 1 en octobre ; le plus âgé de ces coqueluchons avait 2 ans. Les différents quartiers de la ville ont fourni leur contingent.

En 1896, nous n'avons noté que 3 décès, un en janvier, un en novembre, un en décembre, tous trois portant avec eux l'indication de broncho-pneumonie.

§ VI.

Diphtérie

De toutes les affections transmissibles, la diphtérie, avec ses manifestations variées, est celle qui contribue chaque année, dans la plus large mesure, à la mortalité par maladie contagieuse.

Cependant depuis la mise en vigueur des mesures de déclaration et de désinfection, prises par la municipalité d'Orléans, dans le courant de l'année 1892 (arrêté du 12 mai), depuis le perfectionnement de l'hygiène scolaire, perfectionnement également produit par arrêté municipal du 24 septembre de la même année, nous voyons décliner chaque année le nombre des décès par diphtérie.

De 28, chiffre moyen des années antérieures, de 30 en 1892, ce chiffre s'est successivement abaissé à 27 en 1893, à 24 en 1894, à 16 en 1895 et 9 en 1896.

Le nouveau traitement par la sérothérapie, mis en pratique dans notre département depuis le début de 1895, a aussi contribué à diminuer le chiffre du tribut annuel que, paye à cette affection, notre intéressante population infantile. Cette affection jusqu'à ce jour s'était implantée à l'état endémique dans notre ville, c'est elle qui depuis de longues années imprimait à notre bilan sanitaire des affections contagieuses un caractère particulièrement grave et alarmant. Elle avait préoccupé à plusieurs reprises le service d'inspection médicale des écoles ; c'est elle qui de toutes les maladies transmissibles avait occasionné le plus grand nombre de désinfections dans ces dernières années.

Aussi est ce avec la plus grande satisfaction que nous enregistrons, dans ces 4 années qui nous occupent aujourd'hui, une sérieuse détente dans l'extension et la gravité de cette maladie.

Comme nous espérons, grâce au nouveau traitement qui lui est appliqué à l'heure actuelle, la voir disparaître peu à peu, et ne plus avoir à nous en préoccuper, ni à la craindre tant dans l'avenir, nous allons l'étudier cette année avec un peu plus de détails, en suivre la marche parmi nous pendant ces dernières années et constater ses méfaits.

Voici tout d'abord la liste des cas de 1893 et 1894 ; on en a déclaré, en 1893, 41 cas et il a été enregistré 27 décès, dont sept étrangers à la ville ; en 1894, 55 cas déclarés et seulement 24 décès, dont huit emportant des enfants venus du dehors.

1893

1	3 janvier.	F.	5 ans.	rue du Coulon, 14.	Decéd. a l'Hôt.-Dieu
2	4 »	G.	6 »	place du Vieux-Marché, 27	
3	9 »	F.	2 »	r. des Murlins (v. du Moulin)	id.
4	15 »	G.	4 »	rue Stanislas-Julien, 9.	id.
5	15 février.	G.	6 »	rue des Charretiers, 6.	
6	28 »	F.	5 »	faubourg Saint-Jean, 68.	id.
7	1er mars.	F.	5 »	id.	
8	4 »	G.	3 a. 1/2	r. du Château-Gaillard, 18.	id.
9	6 »	G.	5 ans.	faubourg Saint-Jean, 114.	
10	27 »	G.	18 mois.	Marigny.	id.
11	30 »	G.	5 ans.	rue des Carmes, 28.	
12	31 »	F.	13 »	Saint-Denis de-l'Hôtel.	id.
13	12 avril.	F.	10 »	Charmont	id.
14	12 »	G.	3 »	La Chapelle-Saint-Mesuin.	id.
15	25 »	F.	6 »	rue Royale, 30.	
16	29 »	G.	6 »	Ménestreau-en-Villette.	id.
17	1er mai.	G.	3 a. 1/2	place du Vieux-Marché, 12	id.
18	1 »	F.	7 »	rue Bannier, 109.	
19	20 »	F.	6 »	place du Martroi, 19.	

20	24 mai.	G.	3 »	faubourg Madeleine, 13.	
21	29 »	G.	9 »	Orphelinat Serenne.	id.
22	31 »	F.	11 mois.	rue de l'Etelon, 11.	id.
23	2 juin.	G.	3 ».	rue des Bons-Enfants, 26.	id. (rougeole)
24	12 »	G.	6 »	rue de la Cerche, 8.	
25	4 juillet.	F.	3 »	rue Saint-Germain, 3.	Décéd. à l'Hôt.-Dieu
26	6 »	G.	4 »	rue des Hautes-Maisons, 6.	id.
27	8 »	G.	3 mois.	rue de la Folie, 1.	Décédé.
28	1ᵉʳ sept.	G.	18 »	Nibelle.	Décède a l'Hôt -Dieu
29	29 »	G.	5 ans.	rue des Carmes, 44.	id.
30	1ᵉʳ octob.	F.	2 »	rue du Poirier-Rond, 38.	id.
31	9 »	F.	3 »	Quiers.	id.
32	10 »	G.	10 mois.	faub. Saint-Vincent, 155.	Décédé.
33	4 novemb.	F.	4 ans.	place Sainte Croix, 2.	Decede a l'Hôt.-Dieu
34	7 »,	F.	3 »	rue Saint-Etienne, 26 bis.	id.
35	9 »	G.	3 a. 1/2	rue Bourgogne, 259.	id.
36	15 »	G.	9 mois.	rue du Baron, 3.	Décédé
37	17 »	G.	5 ans.	rue Croix de-Bois, 2.	Décéd. à l'Hôt.-Dieu
38	17 »	F.	2 »	r. du Château-Gaillard, 18.	
39	30 »	G.	3 »	rue Parisis, 3.	
40	30 »	G.	4 »	rue Bourgogne. 54.	
41	21 décemb.	F.	»	rue de Gourville, 34.	

1894

1	8 janvier.	F.	7 ans.	cloître de la Cathédrale, 10.	Fille du n° 2.
2	»	F.	36 »	id.	Décédée.
3	»	F.	8 »	Le Bardon.	Decéd. a l'Hôt -Dieu
4	13 »	F.	2 »	place Croix-Morin, 10.	
5	»	G.	21 mois.	rue Bourg-Neuf, 35.	id.
6	»	G.	6 ans.	rue des Ormes-St-Victor, 8	Décédé.
7	26 »	G.	20 »	place du Martroi, 8 bis.	
8	Février.	F.	5 »	Saint Jean de-Braye.	Décéd. à l'Hôt.-Dieu
9	»	F.	15 mois.	rue Bourgogne, 217.	id.
10	»	F.	14 »	Toury.	id.
11	Mars.	F.	5 a.1/2	Saint-Loup des-Vignes.	id.
12	8 »	F.	4 ans.	rue du Tabour, 21.	
13	14 »	F.	7 »	rue de la Cerche, 4.	
14	20 »	F.	5 a.1/2	rue de l'Empereur, 37.	
15	25 »	F.	4 ans.	rue des Closiers, 34.	
16	9 avril.	G.	6 »	faubourg Bannier, 439.	
17	»	F.	3 »	Hôtel-Dieu.	id.
18	»	G.	2 »	rue de l'Etelon, 28.	id
19	10 »	G.	1 »	cloître de la Cathédrale, 10.	Fils du n° 2.
20	10 »	G.	10 »	id.	id.
21	19 »	F.	13 a.1/2	rue de l'Université, 6.	
22	29 »	G.	3 ans.	quai du Châtelet, 10.	
23	29 »	G.	5 »	rue des Bons-Enfants, 8.	
24	30 »	F.	6 »	rue Sainte-Anne, 32.	
25	10 mai.	G.	5 »	rue des Grands-Ciseaux, 45.	
26	»	F.	3 »	rue de Limare, 4.	Décéd. à l'Hôt.-Dieu
27	»	F.	14 »	Saint-Laurent des-Bois.	id.
28	»	G.	29 mois.	rue du Poirier, 25.	id.
29	»	F.	20 »	rue de Limare, 4.	id. sœur d

30	12 mai.	F.	5 ans.	rue Royale, 2.	
31	26 »	G.	7 »	faubourg Bannier, 307.	
32	5 juin.	F.	24 »	rue du Grenier-à-Sel, 17.	
33	19 - »	F.	8 »	venelle du Ponceau.	
34	19 »	F.	3 »	id.	Sœur du n° 33.
35	12 juillet.	F.	10 »	faub. Saint Vincent, 113.	Décédée.
36	16 »	F.	8 »	faubourg Bannier, 335.	
37	»	F.	29 mois	Hôpital général.	Decéd. a l'Hôt.-Dieu
38	30 »	G.	2 ans.	rue du Bœuf-Ste-Croix, 2.	
39	31 »	G.	5 »	rue de Bellébat, 25.	
40	13 août.	G.	3 »	rue de l'Université, 2.	
41	15 »	F.	7 »	rue Royale, 81.	
42	15 »	F.	9 »	faub Saint-Vincent, 89 bis.	Décédée.
43	11 sept.	F.	2 »	quai du Châtelet, 92.	
44	»	G.	4 mois.	rue Saint-Flou, 9.	Décédé.
45	10 octobre	G.	3 ans.	rue des Tanneurs, 12.	
46	»	G.	2 mois.	rue de la Charpenterie, 19.	Decédé à l'Hôt.-Dieu
47	»	F.	2 »	Châteauneuf-sur-Loire.	id.
48	»	G.	9 »	Fréville.	id.
49	11 »	F.	3 ans.	rue Bourgogne, 83.	
50	15 »	F.	6 »	rue de Bellébat.	
51	30 novemb.	G.	7 »	rue des Raquettes, 6.	id.
52	»	G.	»	Saint Lyé.	id.
53	5 décemb.	G.	6 »	cloître Saint Benoît, 3.	
54	17 »	H.	27 »	rue du Vieux-Gibet, 6.	id.
55	»	G.	6 mois.	Chevilly.	

Nous avons constaté la diminution due aux mesures d'hygiène prises par la municipalité ; voyons maintenant quels sont les résultats obtenus pendant ces deux dernières années, par ces mêmes précautions, auxquelles vient s'adjoindre le nouveau mode de traitement par la sérothérapie.

Les déclarations faites par le corps médical ont diminué presque de moitié en 1895 et 1896, et hâtons-nous de le dire le nombre des décès a également décru dans une assez forte proportion. Si nous nous reportons au premier tableau de la seconde partie de ce travail, nous y relevons, comme moyenne des six années antérieures, le chiffre de 28 décès annuels ; en 1893 et 1894, nous venons de trouver 27, puis 24 décès ; pour 1895, depuis que la méthode Roux est appliquée, nous n'en avons plus que 16 et, enfin, 9 seulement pendant la dernière année.

Ces résultats sont vraiment extraordinaires ; si maintenant nous jetons un coup d'œil sur les déclarations qui suivent pour 1895 et 1896, nous voyons qu'il faut encore en déduire pour la première année 4 et pour la seconde 3, ces enfants ayant été envoyés des communes voisines à l'Hôtel-Dieu, où ils ont succombé. Nous n'avons donc perdu en réalité, à Orléans, par suite de diphtérie, en 1895, que 12 enfants et, en 1896, 6 seulement.

Souhaitons voir disparaître complètement de nos statistiques cette cause de mort si terrible jadis.

Fiers de la victoire obtenue, nous donnons ci-après la liste des cas de 1895 et 1896.

1895

	Mois	Sexe	Âge	Adresse	Observations
1	Janvier.	F.	8 ans.	rue du Tabour, 33.	
2	»	G.	4 »	rue du Cheval-Rouge, 37.	
3	»	G.	7 »	place du Martroi, 16.	
4	»	F.	19 mois	rue Solférino, 23.	
5	Février.	F.	8 ans.	rue Bourgogne, 18	
6	»	G.	8 mois	rue de la Poterne, 38.	Décédé
7	»	F.	29 »	rue du Poirier-Rond, 8.	Décédée.
8	Mars.	G.	4 ans.	faubourg Bannier, 188.	
9	»	F.	6 »	*Huisseau-sur-Mauves.*	Décédée a l'Hôt.-D
10	Avril.	F.	3 »	rue de l'Oriflamme, 6.	
11	»	F.	6 »	rue Sainte-Catherine, 27.	id.
12	»	F.	7 »	*Boigny.*	D. a l'H.-D. a. scar.
13	»	F.	4 »	rue Croix-de Bois, 23.	
14	Mai	G.	16 »	rue de la Gare, 37.	Décédé à l'Hôt.-Dieu
15	»	H.	55 »	quai du Châtelet, 50.	Décédé.
16	»	F.	7 »	rue Bourgogne, 77.	
17	»	G.	3 »	faubourg Saint-Vincent, 1.	
18	»	G.	5 »	rue Bourgogne. 26.	
19	»	G.	4 »	rue Porte-Saint-Jean, 66.	
20	Juin.	G.	14 mois	route de Saint-Mesmin, 35.	Décédé a l'Hôt.-Dieu
21	»	G.	16 »	rue des Ormes St-Victor, 3.	id.
22	»	G.	13 ans.	*Fleury-anx-Choux.*	id.
23	Juillet.	G.	28 mois	venelle du Champ-Grison	id.
24	Août.	G.	32 »	*Chilleurs.*	id.
25	Septembre.	G.	15 »	rue de la Lionne, 28.	
26	»	F.	4 ans.	place du Châtelet, 4.	
27	Octobre.	G.	17 mois	rue Saint-Euverte, 27.	D. à l'H.-D. (roug.)
28	Novembre.	G.	4 ans.	rue de Loigny, 50.	Décédé.
29	»	F.	4 ans.	rue du Parc, 25.	

1896

	Mois	Sexe	Âge	Adresse	Observations
1	Janvier.	G.	18 ans.	faubourg Bannier, 100.	
2	»	G.	21 mois	*Ruan.*	Décédé à l'Hôt.-Di u
3	Février.	F.	4 ans.	rue d'Angleterre, 30.	
4	»	G.	5 »	rue Masse, 12.	
5	»	G.	3 »	faubourg Bannier, 463.	id.
6	Mars.	F.	9 »	rue d'Illiers, 3.	
7	Avril.	G.	3 »	rue Tudelle, 52.	
8	»	G.	10 »	id.	id.
9	»	F.	1 »	rue des Curés, 10.	id.
10	Mai.	F.	25 mois	faubourg Bannier, 399.	
11	Juin.	F.	1 an.	Crèche de l'hôpital.	id.
12	Août.	F.	2 a. 1/2	rue Bannier, 120.	id.
13	»	F.	3 ans.	rue de la Bourie-Rouge, 46	
14	»	F.	25 »	rue du Coulon, 2.	
15	»	G.	4 »	id.	Enfant du n° 16.
16	Septembre	F.	16 mois	*Saint-Jean-de-Braye.*	Décédée a l'Hôtel D.
17	»	G.	3 ans.	rue Sainte-Anne, 2.	
18	»	F.	10 »	faubourg Saint-Jean, 95.	
19	»	G.	3 »	rue du Coulon, 2.	Frère du n° 17.
20	Novembre.	G.	12 »	rue Jeanne-d'Arc, 24.	Décédé.
21	»	G.	5 »	rue Saint Paul, 16.	
22	Décembre	G.	14 »	place Bannier.	
23	»	F.	10 »	*Saint-Jean-de-Braye.*	Décédée à l'Hôtel-D

Il nous est difficile d'établir un rapprochement exact entre la morbidité et la mortalité, car il est probable que, malgré les exigences de la loi de novembre 1892 et les peines édictées par elle, tous les cas de dipthérie n'ont pas été déclarés.

Nous nous contenterons donc seulement de parler de la mortalité ; nous l'étudierons successivement par rapport à la population et au mombre total des décès, au sexe et à l'âge des décédés, par arrondissement, par mois, enfin nous verrons quelle est, pour cette affection, l'influence des agents cosmiques : humidité, température, pression; celle des complications.

I. — *Mortalité par rapport à la population.*

Étant donnée la population résidente à Orléans de 63,705 habitants (chiffre du dénombrement de 1891), nous avons en 1890, 28 décès, soit un sur 2,275 habitants ; en 1891 et 1892, 21 et 22 décès, soit un sur 3,033 habitants ; en 1893, 20 décès (7 pour les communes voisines), soit un sur 3,185 habitants ; en 1894, 15 décès pour Orléans (9 pour les communes voisines), soit un sur 3,981 habitants. Depuis la méthode Roux, nous obtenons, en 1895, un décès sur 5,308 habitants et en 1896, un décès sur 10,618 habitants.

II. — *Mortalité par diphtérie par rapport avec la mortalité générale.*

La moyenne pour la France entière est de 1 décès sur 37 ; à Orléans, elle occasionne, de 1887 à 1890, 1 décès sur 50 ; en 1890, 1 sur 58 ; en 1891, 1 sur 78 ; en 1892 et 1893, 1 sur 79 ; en 1894, 1 sur 88 ; en 1895, 1 sur 133 ; en 1896, 1 sur 237.

III. — *Mortalité par rapport au sexe.*

Les 20 décédés de 1893 sont divisés en 12 garçons et 8 filles ; les 15 de 1894, en 7 garçons, 1 femme et 7 filles ; les 12 de 1895, 7 garçons, 1 homme et 4 filles ; les 6 de 1896, 3 garçons et 3 filles. Au total, sur 53, il y a 29 garçons, 22 filles et 2 adultes.

IV. — *Mortali'é par rapport à l'âge.*

En 1890, on a pu noter 3 enfants de 6 mois à 2 ans, 6 de 2 à 3 ans, 5 de 3 à 4 ans, 6 de 4 à 5 ans, 4 de 5 à 5 ans 1/2, 2 de 21 ans, 1 de 31 ans et 1 de 40 ans.

En 1891, 1 de 6 mois, 5 de 2 à 3 ans, 7 de 3 à 4 ans, 2 de 4 à 5 ans, 3 de 5 à 6 ans, 1 de 6 ans 1/2, 2 de 22 ans.

En 1892, 7 de 4 mois à 2 ans, 5 de 2 à 3 ans, 4 de 5 à 6 ans, 1 de 6 ans, 2 de 7 ans, 1 de 8 ans, 1 de 21 ans, 1 de 60 ans

En 1893, 4 de 3 mois à 2 ans, 2 de 2 à 3 ans, 6 de 3 à 4 ans, 3 de 4 à 5 ans, 4 de 5 à 6 ans, 1 de 9 ans.

En 1894, 2 de 2 et 4 mois, 6 de 2 à 3 ans, 2 de 3 à 4 ans, 1 de 6 ans, 1 de 7 ans, 1 de 9 ans, 1 de 10 ans et 1 de 36 ans.

En 1895, 1 de moins d'un an, 4 de 1 à 2 ans, 2 de 3 ans, 2 de 4 ans, 1 de 6 ans, 1 de 16 ans et 1 de 55 ans.

En 1896, 2 d'un an, 2 de 2 à 3 ans, 1 de 10 ans et 1 de 12 ans.

Soit au total pour ces sept années : sur 124 décès, on note, comme âge des décédés, 24 fois moins de 2 ans, 28 fois de 2 à 3 ans, 22 fois de 3 à 4 ans, 11 fois de 4 à 5 ans, 16 fois de 5 à 6 ans, 11 fois de 6 à 10 ans, 2 fois de 10 à 20 ans et 10 fois plus de 20 ans.

C'est donc dans les six premières années que la diphtérie est la plus fréquente et la plus meurtrière ; on n'a, pendant ces sept années, rencontré que 2 cas de décès de 10 à 20 ans.

Les décédés de 21, 22 et 23 ans appartiennent à l'armée, où la diphtérie est assez fréquente et où jusqu'en ces dernières années, elle a suivi une marche ascendante. Pour la période de 1879 à 1891, notre corps d'armée (le Ve) occupe le 3e rang, pour sa morbidité et sa mortalité par diphtérie; on y compte 19 hommes atteints sur 10,000 et plus d'un décès (1,696) pour 10,000 hommes et par an. (*Archives de médecine et de pharmacie militaires.*)

V. — *Mortalité par arrondissement.*

En 1890, sur 28 décès, 14 ont eu lieu dans le 1er arrondissement et 14 dans le second, aucun dans le 3e.

En 1891, sur 21 décès, on note 15 dans le 1er, 5 dans le 2e et 1 dans le 3e.

En 1892, sur 22 décès, 8 dans le 1er arrondissement, 12 dans le 2e et 2 dans le 3e.

En 1893, sur 20 décès, 9 dans le 1er arrondissement, 11 dans le 2e, aucun dans le 3e.

En 1894, sur 15 décès, 4 dans le 1er arrondissement, 11 dans le 2e, aucun dans le 3e.

En 1895, sur 12 décès, 2 dans le 1er arrondissement, 6 dans le 2e, 4 dans le 3e.

En 1896, 3 dans le 1er arrondissement, 2 dans le 2e, 1 dans le 3e.

Au total : 55 dans le 1er, 61 dans le 2e, 8 dans le 3e.

VI. — *Mortalité par mois.*

Presque chaque année, la mortalité atteint son maximum dans les trois premiers mois de l'année et son minimum en juin et septembre, comme le montre le tableau suivant :

ANNÉES	Janvier	Février	Mars	Avril	Mai	Juin	Juillet	Août	Septembre	Octobre	Novembre	Décembre	TOTAL
1887	»	2	3	2	2	»	2	2	1	»	2	»	16
1888	1	1	2	2	»	2	2	2	»	6	3	4	25
1889	9	10	6	4	4	3	2	3	1	1	2	7	52
1890	2	5	6	1	1	1	4	4	1	3	3	4	35
1891	5	2	3	2	»	»	2	2	1	»	4	2	23
1892	2	3	2	5	5	2	2	4	2	»	2	1	30
1893	3	»	4	3	2	2	3	»	2	3	5	»	27
1894	4	3	1	2	4	»	2	1	1	3	1	2	24
1895	1	2	1	3	2	3	1	1	»	1	1	»	16
1896	1	1	»	2	»	1	»	1	1	»	1	1	9
Totaux	28	29	28	26	20	14	20	20	10	17	24	21	257

Dans ce tableau sont compris les décédés qui appartiennent aux communes voisines et dont le décès a eu lieu à l'Hôtel-Dieu.

Les chiffres de chaque mois sont trop peu élevés, chaque année, pour pouvoir établir, pour chacune un maximum et un minimum ; mais le total de ces dix années permet de le faire ; comme partout ailleurs, c'est en janvier, février, mars, que cette affection frappe ses coups les plus redoublés, c'est en septembre que les cas sont le moins nombreux.

VII. — Influence des agents cosmiques.

Au 8e congrès international d'hygiène et de démographie, tenu en 1893, à Budapesth, Lœffler émit cette idée, que les variations atmosphériques et surtout les températures humides, qui déterminaient des inflammations des premières voies respiratoires, paraissaient favoriser l'apparition de la diphtérie. C'est aussi l'opinion que Filatow (de Moscou) soutint au même congrès.

En comparant la courbe de la mortalité par diphtérie, avec les tracés des moyennes mensuelles de l'humidité, de la température, de la pression, nous avons pu constater la réalité de l'influence des agents météoriques sur la mortalité de la diphtérie : les courbes de la mortalité diphtérique et de l'humidité atmosphérique sont parallèles ; les tracés de la diphtérie et de la température présentent des variations inverses.

VIII. — Complications de la diphtérie.

D'autres affections contagieuses viennent assez fréquemment compliquer la diphtérie ; dans le plus grand nombre des cas, la maladie coexistante est la scarlatine ou la rougeole.

Le plus souvent c'est la fièvre éruptive qui débute, et la diphtérie venant sur un terrain prédisposé emporte rapidement le malade.

La scarlatine est fréquente et dangereuse après la diphtérie, mais la diphtérie consécutive à la scarlatine est encore plus sérieuse, parce que les streptocoques et staphylocoques de l'angine scarlatineuse ont préparé le terrain au bacille de Lœffler.

La diphtérie consécutive à la rougeole est peut-être encore plus grave, parce que le larynx et la trachée appellent les fausses membranes ; la trachéotomie est ici plus impuissante que jamais.

En 1890, 4 cas de scarlatine chez des enfants de 3, 4 et 5 ans, ont été suivis de diphtérie ; tous quatre sont décédés à l'Hôtel-Dieu.

En 1891, un décès chez un enfant de 3 ans 1/2, atteint de scarlatine, a eu lieu avec complication de diphtérie.

Il en est de même, en 1892, chez un enfant de 22 mois.

En 1893, lors de l'épidémie de rougeole, deux enfants, primitivement rubéoliques, furent atteints de diphtérie et succombèrent, tous deux âgés de 3 ans.

En 1895, deux cas ont été indiqués comme ayant été accompagnés de scarlatine et un de rougeole.

En 1894 et 1896, nous n'avons rencontré aucune indication de complication.

§ VII

Choléra

En 1893, 1894, 1895 et 1896, comme du reste pendant chacune des années précédentes, le choléra nous laisse une statistique absolument nette.

On a seulement noté quelques cas de diarrhée cholériforme chez de tous jeunes enfants ; ces cas sont classés avec ceux de diarrhée et de gastro-entérite, n'ayant rien du caractère épidémique du choléra.

§ VIII

Tuberculose pulmonaire

Les décès par tuberculose pulmonaire vont en augmentant chaque année : la moyenne établie sur la période 1887-1892 était de 150 décès annuels ; pendant les quatre années qui nous occupent nous trouvons respectivement :

En 1893........   146 décès........   soit 1 sur 10,6.
En 1894........   162 —   ....   soit 1 sur 8,6.
En 1895........   180 —   ....   soit 1 sur 8,8.
En 1896........   183 —   ....   soit 1 sur 7,8.

La marche de cette affection est franchement ascensionnelle, comme le prouvent ces chiffres.

Le maximum a été atteint en août pour 1893, en janvier pour 1894 ; le minimum en septembre pour 1893, en février pour 1894, et fait assez curieux ce sont exactement les deux mois qui suivent ceux où le maximum avait été atteint. En 1895, nous avons le maximum en mai et le minimum en août et décembre ; en 1896, maximum en mars, minimum en août, septembre et novembre.

Il n'y a rien de fixe pour cette affection dont l'évolution semble surtout suivre les variations atmosphériques ; le mois qui offre le maximum une année, peut obtenir le minimum pendant une autre, comme le montre le tableau suivant pendant la période de 1887 à 1896 :

ANNÉES	MAXIMUM	MINIMUM
1887..........	Mai-juin-décembre.	Février.
1888..........	Mai.	Juillet
1889..........	Décembre.	Septembre.
1890..........	Janvier.	Décembre.
1891..........	Mai.	Novembre.
1892..........	Février.	Mai-octobre.
1893..........	Août.	Septembre.
1894..........	Janvier.	Février.
1895..........	Mai.	Août-décembre
1896..........	Mars.	Août-septembre-novembre

Les quatre tableaux suivants résument tous les renseignements et classent par sexe, par âge et par mois, tous les décès dus à la tuberculose, pendant les quatre années 1893, 1894, 1895 et 1896.

Année 1893

MOIS	Âgés de 0 à 10 ans		De 11 à 20 ans		De 21 à 30 ans		De 31 à 40 ans		De 41 à 50 ans		De 51 à 60 ans		De 61 et au-dessus		TOTAL par sexe		TOTAL par mois
	M.	F.	M.	F.	M.	F.	M.	F.	M.	F.	M.	F.	M.	F.	M.	F.	
Janvier	»	»	1	2	1	2	»	1	2	1	»	»	»	»	4	6	10
Février	»	»	1	1	»	1	»	»	1	3	»	»	»	»	2	5	7
Mars	1	1	»	1	2	2	»	2	»	1	»	»	1	1	4	8	12
Avril	»	»	2	»	1	2	3	3	1	»	1	1	»	»	8	6	14
Mai	»	1	2	2	1	3	1	»	1	»	»	»	»	»	5	6	11
Juin	»	»	1	1	5	»	»	3	2	2	»	1	1	»	9	7	16
Juillet	»	2	»	1	2	1	4	1	2	»	»	»	»	»	8	5	13
Août	»	»	1	3	4	2	2	2	»	»	1	»	1	1	9	8	17
Septembre	»	»	1	1	1	»	1	»	1	»	»	»	1	1	5	1	6
Octobre	»	»	1	1	2	»	2	1	2	1	»	»	3	1	10	4	14
Novembre	»	1	2	1	»	3	1	1	2	1	»	»	»	»	5	7	12
Décembre	»	»	»	1	1	4	4	1	»	2	»	»	1	»	6	8	14
	1	5	12	14	20	21	19	15	14	11	2	2	7	3	75	71	
																	146
Total par âge..	6		26		41		34		25		4		10		146		

Année 1894

MOIS	Âgés de 0 à 10 ans		De 11 à 20 ans		De 21 à 30 ans		De 31 à 40 ans		De 41 à 50 ans		De 51 à 60 ans		De 61 et au-dessus		TOTAL par sexe		TOTAL par mois
	M.	F.	M.	F.	M.	F.	M.	F.	M.	F.	M.	F.	M.	F.	M.	F.	
Janvier	»	1	4	3	»	»	3	3	2	2	»	»	»	1	10	11	21
Février	»	2	»	»	»	»	1	1	1	1	»	»	»	1	2	4	6
Mars	1	2	»	1	4	4	2	2	»	2	»	1	»	»	7	12	19
Avril	1	1	»	»	2	1	2	2	3	1	1	1	»	»	9	6	15
Mai	»	»	3	2	1	3	1	»	3	3	1	1	»	1	9	7	16
Juin	1	1	»	»	5	2	»	»	2	1	1	1	»	1	9	7	16
Juillet	2	»	»	»	2	3	»	»	»	»	1	»	»	1	5	4	9
Août	1	1	»	4	1	3	1	1	»	»	1	»	»	»	4	9	13
Septembre	1	»	1	1	2	2	1	»	»	1	»	1	»	»	5	5	10
Octobre	»	1	»	1	»	2	3	»	1	2	»	1	»	»	4	7	11
Novembre	»	1	»	3	»	1	2	1	1	2	3	»	1	»	7	8	15
Décembre	»	1	»	2	1	3	»	»	»	2	2	»	»	»	3	8	11
	7	11	5	18	22	26	16	9	13	14	10	6	1	4	74	88	
																	162
Total par âge..	18		23		48		25		27		16		5		162		

Année 1895

MOIS	Agés de 0 à 10 ans		De 11 à 20 ans		De 21 à 30 ans		De 31 à 40 ans		De 41 à 50 ans		De 51 à 60 ans		De 61 et au-dessus		TOTAL par sexe		TOTAL par mois
	H.	F.	H.	F.	H.	F.	H.	F.	H.	F.	H.	F.	H.	F.	H.	F	
Janvier	»	»	»	»	4	1	3	3	2	»	»	1	1	»	10	5	15
Février	»	»	1	3	»	2	2	4	»	»	1	»	3	»	7	9	16
Mars	1	»	2	»	1	2	2	3	2	2	1	»	»	»	9	8	17
Avril	»	1	1	»	1	2	4	»	1	1	»	»	»	»	7	4	11
Mai	»	4	»	2	5	2	2	1	1	»	3	1	1	»	12	10	22
Juin	1	1	»	3	3	»	1	3	»	2	2	»	1	»	8	9	17
Juillet	»	»	1	3	2	1	»	1	1	1	2	»	1	»	7	7	14
Août	»	»	1	1	1	»	2	»	1	»	1	2	1	»	7	3	10
Septembre	1	1	2	1	»	2	2	2	1	1	2	1	»	1	8	9	17
Octobre	»	»	2	3	2	3	1	»	3	»	2	»	2	»	12	6	18
Novembre	»	1	1	2	2	2	»	1	»	1	1	1	»	1	4	9	13
Décembre	1	»	1	1	1	»	1	2	1	1	1	»	»	»	6	4	10
	4	8	12	19	22	17	20	20	13	10	17	6	9	3	97	83	
																	180
Total par âge	12		31		39		40		23		23		12		180		

Année 1896

MOIS	Agés de 0 à 10 ans		De 11 à 20 ans		De 21 à 30 ans		De 31 à 40 ans		De 41 à 50 ans		De 51 à 60 ans		De 61 et au-dessus		TOTAL par sexe		TOTAL par mois
	H.	F.	H.	F.	H.	F.	H.	F.	H.	F.	H.	F.	H.	F.	H.	F.	
Janvier	»	1	»	1	4	»	2	1	»	r	2	»	»	1	9	4	13
Février	»	»	»	»	1	3	2	2	3	1	»	1	»	1	6	8	14
Mars	4	»	»	3	3	4	4	2	»	»	1	»	1	2	13	11	24
Avril	1	3	1	»	4	3	»	2	2	2	2	»	1	1	11	11	22
Mai	»	1	2	3	4	3	»	3	2	r	2	1	1	»	11	11	22
Juin	»	»	3	»	3	2	2	2	1	»	»	1	2	»	11	5	16
Juillet	1	»	1	»	1	1	3	3	3	2	2	»	»	»	11	6	17
Août	»	»	1	1	3	2	»	»	»	2	»	»	1	»	5	5	10
Septembre	»	»	»	2	1	2	»	2	1	1	»	1	1	»	8	7	10
Octobre	»	»	»	1	4	»	1	1	2	»	»	1	1	»	8	3	11
Novembre	1	»	1	1	1	»	»	2	1	1	»	1	»	1	4	6	10
Décembre	1	»	3	1	1	1	1	3	2	»	»	1	»	6	8	6	14
	8	5	12	13	30	21	15	23	17	10	10	5	8	6	100	83	
																	183
Total par âge	13		25		51		38		27		15		14		183		

Depuis 10 ans, nous constatons que la période de 20 à 30 ans est celle dans laquelle les tuberculeux sont de beaucoup les plus nombreux.

§ IX

Autres tuberculoses

22 en 1893, parmi lesquelles une phtisie laryngée, 4 péritonites et 17 méningites.

37 en 1894, se décomposant en 2 péritonites et 35 méningites.

36 en 1895, parmi lesquelles 28 méningites, 7 péritonites et 1 tuberculose osseuse.

33 en 1896, dont 23 méningites, 6 péritonites, 1 phtisie laryngée et 3 tuberculoses osseuses.

Rien de déterminé quant aux périodes où apparaissent les méningites.

Cette affection atteint à peu près également les deux sexes : pour ces 4 années, on compte 51 garçons et 51 filles.

Quant à l'âge, 85 sur 102 avaient moins de 10 ans.

§ X

Tumeurs

Le nombre des décès par tumeurs est toujours à peu près le même : la moyenne annuelle est de 95. On en a noté 105 en 1893, 93 en 1894, 94 en 1895 et 108 en 1896.

Celles de 1893 se divisent en 46 cancers de l'estomac, 20 des intestins, 1 du foie, 5 de la bouche, 8 de l'utérus, 6 du sein, 6 kystes de l'ovaire, 13 tumeurs diverses (abdominales, cérébrales et autres).

Les 46 cas de cancers de l'estomac sont répartis entre 22 hommes et 24 femmes ; parmi eux, 5 avaient de 40 à 50 ans, 9 de 50 à 60 ans, et 32 avaient dépassé 60 ans.

2 seulement des cancers des intestins avaient frappé des individus de moins de 40 ans, 3 avaient atteint ceux de 40 à 50, 3 de 50 à 60, et 12 au-dessus de 60 ans ; parmi eux, 11 hommes et 9 femmes.

3 hommes et 2 femmes ont été atteints de cancer de la bouche, 2 après 50 ans et 3 après 60 ans.

Le cancer du foie a causé la mort d'un homme de 68 ans.

Les 8 décès par cancer de l'utérus ont eu lieu chez des femmes ayant : 3 au-dessous de 50 ans, 2 de 50 à 60, et 3 au-dessus de 60 ans.

6 cancers du sein : 2 au-dessous de 50 ans, 4 au-dessus.

6 kystes de l'ovaire : 3 au-dessous de 50 ans, 3 de plus de 60.

En résumé : 42 hommes, 63 femmes, sùr lesquels 64 avaient plus de 60 ans, 19 de 50 à 60, 16 de 40 à 50, les 6 autres de 30 à 40.

En 1894, on note 34 cancers de l'estomac chez 18 hommes et 16 femmes, dont 8 de 30 à 5C ans, 3 de 50 à 60, et 23 au-dessus de 60.

23 cancers des intestins chez 10 hommes et 13 femmes, dont 20 âgés de plus de 60 ans.

7 cancers de l'utérus, dont 5 chez des femmes de plus de 50 ans.

3 cancers du sein, chez des femmes ayant plus de 50 ans.

3 kystes de l'ovaire et 7 tumeurs abdominales non désignées, ayant existé chez 10 femmes, dont 2 avaient de 30 à 40 ans, 2 de 40 à 50, 2 de 50 à 60, et 4 plus de 60 ans.

Enfin, 16 tumeurs diverses, cancer de la peau, du cuir chevelu, etc., chez 6 hommes et 10 femmes, dont 4 ayant de 50 à 60 ans et 12 plus de 60 ans.

Au total : 34 hommes, 59 femmes, soit 93, sur lesquels 61 avaient plus de 60 ans, 15 de 50 à 60, 9 de 40 à 50 ans, et 8 moins de 40 ans.

Ces chiffres confirment les données générales : les cancers sont des affections qui affligent surtout l'automne de la vie ; sur 198 cas pour ces 2 années, 125 ont existé chez des individus de plus de 60 ans, et 34 chez des personnes de 50 à 60.

En 1895, 37 cancers de l'estomac chez 17 hommes et 20 femmes, sur lesquels 34 âgés de plus de 50 ans.

10 cancers des intestins et du foie chez 2 hommes et 8 femmes.

27 cancers de l'utérus et tumeurs abdominales de toute espèce, 6 tumeurs du sein, 2 de la bouche, 4 de la peau, 1 de la prostate et 7 cancers sans indication de l'organe atteint.

Au total : 29 hommes, dont 25 âgés de plus de 50 ans, et 65 femmes, dont 47 ayant dépassé cet âge.

En 1896, l'estomac est atteint 45 fois (23 hommes, 22 femmes, dont 38 âgés de plus de 50 ans) ; l'intestin, le foie, 16 fois (5 hommes, 11 femmes, dont 14 ayant dépassé la cinquantaine) ; l'utérus et les organes abdominaux, 25 fois ; la peau, 3 ; la bouche, 3 ; le sein, 5 ; la vessie, 1 ; le rein, 1 ; divers organes, 9.

Soit en tout, 39 hommes et 69 femmes, dont 89 âgés de plus de 50 ans.

§ XI

Méningite simple

Rien de fixe dans le chiffre des décès causés par cette affection. Elle avait donné lieu à 30 décès en 1890, 26 en 1891, 14 en 1892. Elle en a occasionné pour les 4 années qui nous occupent, 12 en 1893, 20 en 1894, 15 en 1895, et 26 en 1896.

Le maximum a eu lieu en avril, en 1893 ; en juillet, en 1894 ; en mars-novembre 1895 ; en mars-avril 1896.

9 sur 12, décédés en 1893, avaient moins de 10 ans : 8 étaient du sexe féminin.

11 sur 20, en 1894, avaient moins de 10 ans, 2 de 10 à 20, 2 de 20 à 30, et 5 de plus de 30 ans ; parmi eux, 10 appartenaient au sexe féminin, 10 au sexe masculin.

10 sur 15, en 1895, étaient âgés de moins de 10 ans ; 7 étaient du sexe féminin.

14 sur 26 en 1896, n'avaient pas encore 10 ans ; parmi les 12 autres, 4 avaient de 10 à 20 ans, 5 de 20 à 30, 2 de 40 à 50, et 1 était âgé de 71 ans.

Ces 26 cas se décomposent en 12 pour le sexe masculin et 14 pour le sexe féminin.

§ XII

Congestion et hémorragie cérébrale

112 décès en 1893, 92 en 1894, 102 en 1895, et 89 en 1896. La moyenne des années antérieures étaient de 120.

Le maximum a été atteint en février et novembre 1893, février 1894, mars 1895 et janvier 1896.

L'âge des décédés est toujours à peu près le même. En 1893, 105 sur 112 avaient plus de 50 ans, et parmi eux, 52 avaient même dépassé 70 ans.

En 1894, 67 sur 92 avaient plus de 60 ans, 50 même plus de 70, 14 avaient de 50 à 60 ans ; 11 seulement avaient un peu moins de 50 ans.

En 1895, 89 sur 102 avaient plus de 50 ans, 57 même avaient atteint et dépassé 70 ans.

En 1896, sur 89, 57 avaient dépassé la cinquantaine, 49 même 70 ans.

Les deux sexes sont à peu près également représentés dans cette colonne mortuaire, 51 hommes et 61 femmes en 1893, 51 et 41 en 1894, 46 et 56 en 1895, 47 et 42 en 1896, soit pour ces 4 années, 195 hommes et 200 femmes

§ XIII

Autres affections cérébrales. — Affections nerveuses

En 1893, les autres affections cérébrales et les affections nerveuses ont été causes de mort pour 84 individus : parmi elles nous notons 35 cas de convulsions chez les enfants, également réparties pour les deux sexes et pendant tous les mois de l'année ; nous avons déjà vu (§ IX) que 17 avaient succombé à la méningite tuberculeuse. On a observé, en outre, 12 décès par paralysie générale, dont 8 chez des aliénés ; 6 autres formes de l'aliénation mentale ; 8 cas d'épilepsie, dont 2 avec aliénation ; 6 décès par encéphalite, 1 par commotion cérébrale, suite d'un traumatisme accidentel, 1 par tumeur du cerveau, 2 par embolie cérébrale, 6 par paralysie dont la cause n'a pas été indiquée, 3 par ataxie locomotrice progressive, et 4 par affections nerveuses non spécifiées sur les certificats de décès.

En 1894, il y a eu 70 décès dus aux mêmes causes ; la méningite tuberculeuse, nous l'avons vu plus haut, en avait, à elle seule, occasionné en outre 35.

Les convulsions ont emporté 30 enfants, presque tous de quelques mois. A la paralysie générale ont succombé 10 aliénés et 2 non aliénés.

On a noté, en outre : 4 décès dus à d'autres formes de l'aliénation mentale, 10 dus à l'épilepsie, parmi lesquels 6 à l'asile d'aliénés ; on a observé de plus 1 cas d'ataxie, 1 de chorée, 7 de paralysie sans indication causale, et 5 autres cas d'affections nerveuses.

En 1895, 63 décès par affections cérébrales et nerveuses, autres que les méningites, les congestions et ramollissements.

Ils se divisent en 27 cas de convulsions chez les enfants, dont 16 garçons et 11 filles ; en 13 cas de paralysie générale chez 10 aliénés et 3 non aliénés ; en 5 autres cas d'aliénation ; en 10 cas d'épilepsie, dont 3 chez des aliénés et 8 autres cas nerveux sans autre indication ; au total 35 hommes et 28 femmes.

En 1896, 53 cas se répartissant en 20 de convulsions (12 garçons, 8 filles), 14 de paralysie générale, dont 10 chez des aliénés, 3 d'épilepsie, 1 autre cas d'aliénation, 2 d'ataxie, et 13 cas sans indication autre qu'affection nerveuse ou cérébrale : en résumé, 30 hommes et 23 femmes.

En somme, il n'y a à noter pour ces affections aucune différence avec les années antérieures, si ce n'est leur progression qui semble décroissante, 84 en 1893, 70 en 1894, 63 en 1895, 53 en 1896.

§ XIV

Ramollissement cérébral

226 vieillards des deux sexes ont payé le tribut à cette affection pendant les 4 années 1893 à 1896. Nous constatons une fois de plus qu'il n'y a rien de fixe dans cette affection. Le mois qui sera une année le mois du maximum sera au contraire celui qui aura le moins de décès l'année ou les années suivantes. On ne peut incriminer les saisons, car tantôt c'est juillet ou août, tantôt c'est décembre ou janvier pendant lesquels on enregistre le plus de décès dus à cette affection.

§ XV

Maladies organiques du cœur

Ces affections, de 1887 à 1890, donnaient lieu chaque année au même nombre de décès de 99 à 109. La moyenne établie par ces 4 années était de 102. En 1891, nous avions vu ce nombre s'élever à 149, puis à 127 en 1892 ; en 1893, il s'approche plus de la normale avec 114 décès ; mais e 1894, le cœur a donné lieu à un nombre bien plus considérable de morts 166, chiffre qui n'avait encore jamais été atteint à beaucoup près. Pour ces 2 années, le minimum a lieu en septembre, le maximum en mars pour 1893 et juillet pour 1894, avec le chiffre énorme de 21 décès sur 115 constatés pendant le mois.

Il en est encore de même en 1895 et 1896, mais avec un total un peu moins élevé, du moins pour 1895 qui n'en compte que 149. ; il y a 168 décès pour 1896 ; pendant ces 2 années, le maximum a lieu en hiver, janvier, février 1895 avec 21 décès, décembre 1896 avec 19, le minimum en octobre 1895, août 1896.

C'est au cœur que sont attribuées la plupart des morts subites.

§ XVI

Bronchite aiguë

En 1893, en 1894, comme dans toutes les autres années, nous retrouvons des décès de bronchite aiguë pendant l'hiver ; en été, on n'en a noté qu'un seul chaque année : point n'est besoin d'explication. Les hivers ayant été peu rigoureux, le nombre des décès est peu accentué : 22 cas en 1893, tous dans les premiers mois de l'année, avec maximum en avril et mai, le mois de mai a du reste été, pour cette année, celui dans lequel se sont déclarées le plus d'affections des voies respiratoires, puisqu'en consultant le relevé général nous y trouvons 11 tuberculoses pulmonaires, 5 bronchites aiguës, 6 bronchites chroniques, 32 pneumonies et 20 autres affections diverses du même appareil.

En recherchant quelles ont été, pendant ce mois, les variations de température, nous trouvons le thermomètre à + 2° le 1er mai et à 27° 5, le 17 ; plusieurs jours du mois ont eu des gelées blanches.

En 1894, 17 bronchites se sont également terminées par la mort ; ici le maximum a été atteint en avril. Sur ces 17 bronchitiques, 3 avaient quelques années et 13 avaient plus de 60 ans et parmi eux 5 plus de 70 et 6 plus de 80 ans.

En 1895, 31 cas de bronchite aiguë avec maximum, 9, en février, minimum, 0, en juin ;

En 1896, 8 cas seulement, 2 en mars, mai et octobre ; 1 en janvier et juillet et néant pour les autres mois.

Dans ces 2 années, la plupart des décédés avaient encore plus de 70 ans.

§ XVII

Bronchite chronique

Les mêmes remarques s'appliquent à la bronchite chronique.

34 cas en 1893, 22 en 1894, presque tous en hiver.

Cette dernière année, le maximum en juin ; il eut lieu en janvier en 1894.

Les âges, auxquels la bronchite chronique est le plus habituellement suivie d'un dénouement fatal, sont encore les deux âges extrêmes de la vie ; sur 22 en 1894, 16 avaient de beaucoup dépassé la soixantaine ; ils se répartissent en 8 décès pour le sexe féminin et 14 pour le sexe masculin.

En 1895 et 1896, mêmes constatations ; 25 cas pour la première, maximum en février, comme pour la bronchite aiguë ; pour la seconde, 12 cas seulement, 1 ou 2 au plus dans un mois.

§ XVIII

Pneumonie

La léthalité par pneumonie a été un peu moindre en 1893 et beaucoup plus faible en 1894.

En 1893, nous avons enregistré 147 cas au lieu de 156, moyenne des années précédentes. La plupart, 117 sur 147, avaient eu lieu dans les 6 premiers mois de l'année ; le maximum 32 avait été atteint en mai ; nous avons vu, en parlant de la bronchite aiguë, que ce mois de mai 1893 est de tous celui qui avait présenté le plus de variations thermométriques et aussi barométriques. Pendant tous les autres mois de l'année, ce sont plutôt les femmes qui ont été atteintes ; au mois de mai, au contraire, le nombre des hommes est plus considérable : obligés de braver toutes les intempéries, ils ont été frappés en plus grand nombre.

La répartition générale pour toute l'année donne 69 décès pour le sexe masculin et 78 pour le sexe féminin.

Quant à l'âge, cette affection s'est montrée chez 59 enfants de moins de 5 ans, et chez 66 vieillards ; 22 étaient dans l'âge adulte.

En 1894, nous n'avons plus que 108 décès par pneumonie, combien nous sommes loin de la moyenne, et surtout des chiffres de 1890, où nous en avions 203 et de 1891 où on en avait constaté 188 ; mais aussi point d'épidémie d'influenza à noter pour cette année, et pas d'hiver rigoureux ; en effet, pendant les 6 premiers mois de l'année, on n'avait encore à déplorer que 71 morts, soit 1/3 en moins qu'en 1893.

Voilà l'une des causes pour lesquelles l'année 1894 a été exceptionnelle et pourquoi son chiffre de décès ne s'est guère élevé au-dessus de 1.400 au lieu de près de 1.600 que nous avions à enregistrer pendant les années précédentes.

Le maximum de 17 avait été atteint en janvier.

Cette année, ce sont les hommes qui ont été le plus frappés, 65 contre 43 femmes ; sauf en janvier, les décès du sexe masculin ont été plus élevés que ceux du sexe féminin ; ainsi en février, 12 hommes, 3 femmes ; en mars, 6 hommes, 3 femmes ; en mai, 9 hommes, 5 femmes, etc.

47 décédés n'avaient que quelques mois à quelques années ; 44 avaient de 61 à 87 ans ; 17 seulement étaient dans la vigueur de l'âge.

L'année 1895, dangereuse pendant ses premiers mois pour les affections des voies respiratoires, nous a donné un chiffre de décès plus considérable, 160, avec maximum en février et mars, qui en comptaient chacun 30. Les derniers mois de cette année ont été plus favorables, le minimum est atteint en septembre et octobre.

Comme répartition pour cette année, nous trouvons 80 hommes et 80 femmes, et comme âge, 66 avaient moins de 10 ans, 33 de 20 à 60, et 61 plus de 60 ans.

En 1896, le tableau est moins noir : 111 décès seulement avec maximum 20 également en février et minimum 3 en octobre.

Parmi les décédés, on comptait respectivement 54 hommes, 57 femmes, 37 enfants, 23 adultes et 51 vieillards.

§ XVIII *bis*

Autres affections des voies respiratoires

Comme nous venons de le voir pour la bronchite tant aiguë que chronique, et pour la pneumonie, toutes les autres affections des voies respiratoires ont contribué, par leur fréquence en 1893, à accroître au dessus de la moyenne le chiffre annuel des décès.

101 cas de ce genre ont été déclarés en 1893 ; ils se divisent en 70 congestions pulmonaires, 13 grippes, 6 cas d'asthme, 5 de pleurésie et 7 divers (affections du larynx sans diphtérie, gangrène du poumon, etc.)

Les congestions pulmonaires ont emporté 38 hommes et 32 femmes, parmi lesquels 50 avaient plus de 60 ans et 3 seulement n'avaient que quelques mois.

Sur les 19 cas de grippe et d'asthme, 14 avaient plus de 60 ans.

Le maximum était atteint en janvier, avril et surtout mai ; le minimum en août.

En 1894, nous notons un chiffre bien moins élevé ; 63 cas se divisant en 45 congestions pulmonaires, 12 cas de grippe, 3 de pleurésie et 3 divers (affections gangréneuses du poumon et du larynx.)

Cette année encore, ce sont les gens d'un âge assez avancé qui ont payé le plus lourd tribut et cela dans les premiers mois de l'année surtout, avec minimum en juillet et août.

En 1895, les autres affections respiratoires nous donnent un chiffre de décès plus fort que celui des années précédentes, 116.

Ce taux élevé est dû à l'hécatombe du mois de février, où nous relevons le total jamais atteint, en un mois, de 44 décès pour ces affections ; ces 116 cas se divisent en 64 de congestion pulmonaire chez 34 hommes et 30 femmes, et 35 de grippe chez 7 hommes et 28 femmes, auxquels il faut joindre 9 cas d'asthme, 2 de pleurésie dont une purulente, 2 de gangrène du poumon et 4 autres non caractérisés. Sur ces 116 victimes, 81 avaient plus de 60 ans, 21 même avaient dépassé 70 ans.

En 1896, nous retombons à la normale avec 65 décès seulement, avec maximum peu élevé (9 cas) en novembre et décembre et minimum (2 cas) en février et avril.

Ici plus de grippe, 2 cas seulement, 48 congestions pulmonaires (26 hommes, 22 femmes), 5 affections du larynx, 5 cas d'asthme, 3 de pleurésie, dont une indiquée comme purulente, un d'œdème pulmonaire, un de gangrène du poumon.

L'âge des décédés est, comme toujours, avancé : 36 sur 65 avaient plus de 60 ans.

§ XIX

Diarrhée, gastro-entérite.

	1893	1894	1895	1896	TOTAL.
Janvier......	6	3	»	5	14
Février......	3	3	2	7	15
Mars	7	6	2	3	18
Avril........	2	4	»	4	10
Mai	2	4	1	4	11
Juin..... ...	14	6	3	1	24
Juillet.......	30	12	30	36	108
Août	17	11	35	21	84
Septembre...	8	11	20	5	44
Octobre	7	4	16	5	32
Novembre....	4	2	5	3	14
Décembre....	3	2	2	7	14
	103	68	116	101	388

La diarrhée infantile est une des maladies que l'hygiène devrait vaincre, et pourtant, malgré les efforts faits par le corps médical pour la suppression des biberons à long tube, malgré la stérilisation du lait, nous voyons chaque année cette affection décimer notre population infantile. La moyenne des décès annuels, disions-nous en 1893, est de 109.; cette normale a été presque atteinte en 1893 et 1896 avec 103 et 101 décès ; elle a été dépassée en 1895 (116 cas), seule l'année 1894 s'est signalée par un chiffre extraordinairement bas (68 décès) ; le maximum des autres années (en juillet et août), qui atteignait 30 et le dépassait même (35 en août 1895 et 36 en juillet 1896), n'a été pour 1894 que de 12 seulement.

§ XX

Autres affections des voies digestives et de leurs annexes.

73 cas divers ont été signalés pour 1893 et 76 pour 1894. Ils se divisent, pour la première année, en 15 péritonites simples, 17 affections de l'estomac, 18 affections des intestins et 23 affections du foie, et, pour la seconde, en 12 péritonites aiguës, 18 affections de l'estomac, 19 de l'intestin et 27 du foie. ‘

A ces chiffres il faut, comme nous l'avons vu, ajouter 72 décès par tumeurs des voies digestives en 1893 et 57 décès dus aux mêmes causes en 1894.

La plupart de ces affections du tube digestif frappent des adultes et surtout des vieillards. 22 sur 76 en 1893 avaient plus de 70 ans, il en était de même de 23 sur 73 en 1894.

En 1895, il n'y a que 44 cas de ce genre, se répartissant en 12 péritonites, 18 affections du foie, 11 des intestins et 3 seulement de l'estomac.

En 1896, 50 cas, 10 péritonites, 16 affections du foie, 22 des intestins et 2 de l'estomac.

A ces 94 cas, pour ces 2 années, il faudrait ajouter ceux déjà signalés dans la classe des tumeurs, 48 pour 1895 et 64 pour 1896.

§ XXI

Fièvre et autres affections puerpérales

. On en a noté 6 cas en 1893, 8 en 1894, c'est la moyenne habituelle, 3 en 1895 et 4 en 1896.

Chaque année, ce sont surtout des jeunes femmes qui succombent à cette affection.

En 1893, 2 sur 6 sont décédées à l'Hôtel-Dieu ; en 1894, il y en eut 4 sur 8.

2 fois la mort a été subite.

Les 7 cas de 1895 et 1896 ont eu lieu en ville.

§ XXII

Débilité congénitale et vices de conformation.

Le chiffre des débiles décédés en 1893 a été bien au-dessus de la moyenne habituelle, 58 cas au lieu de 28. Les mois les plus chargés sont ceux de janvier, février et surtout de juin.

En 1894, le tribut payé a été moins lourd, 38 décès seulement, avec maximum en avril et décembre.

En 1895, chiffre plus élevé encore, 64 cas, avec maximum en juin, minimum en novembre.

En 1896, nouvelle baisse, 46 cas, avec minimum en avril et juin, maximum en mars.

La marche de cette affection est naturellement en concordance avec celles des autres affections infantiles, soit intestinales, soit contagieuses.

§ XXIII

Sénilité.

L'année 1893, que nous avons vue être fertile en affections pulmonaires, était tout indiquée pour déterminer la mort d'un nombre de vieillards plus considérable que de coutume. Les mois d'avril et de mai, où ces affections ont été les plus nombreuses, sont aussi ceux du maximum pour les décès par sénilité; dans l'un comme dans l'autre cas, la cause climatérique est évidemment celle qui a le plus contribué à ce résultat, car très vraisemblablement un certain nombre de ces vieillards, dont le certificat de décès portait simplement: sénilité, ont dû succomber par suite de congestions ou autres complications pulmonaires.

En 1894, le chiffre en est un peu moins grand, 84 seulement au lieu de 106 en 1893 ; il se rapproche de la moyenne basée sur les années précédentes qui a été fixée à 76.

Janvier et surtout juin de cette année sont les mois les plus chargés.

En 1895, les mois de février et mars, dans lesquels on a enregistré le plus grand nombre des affections respiratoires, ont été également les mois où ce maximum a été constaté pour les décès dus aux affections séniles; minimum en octobre.

Les affections des poumons ayant présenté pendant cette année un caractère de gravité exceptionnelle, nous constatons également un plus grand nombre de décès dus à la sénilité : 100 cas ont été enregistrés.

En 1896, l'effet inverse se produit et nous ne relevons plus sur les registres de d'état-civil que 77 décès ; minimum en juin, maximum en décembre.

§ XXIV

Suicides.

Rien de fixe quant au nombre des suicidés. La moyenne annuelle était de 14, elle avait été dépassée en 1891 et 1892, où l'on avait pu constater 21 et 24 suicides ; ces chiffres semblaient démontrer que cette cause volontaire de mort suivait une progression constante; nous en retrouvons 21 encore en 1893, mais le nombre retombe brusquement à 14 en 1894. Pour ces deux années nous ne retrouvons pas de suicide d'enfant, le plus jeune des désespérés avait 22 ans en 1893, et celui de 1894 en avait 18.

Les moyens de destruction choisis ont été les suivants : en 1893, 10 fois la corde, dont 8 fois chez des hommes; le plus jeune avait 24 ans, le plus âgé 69 ; 4 fois la submersion, dont une femme ; 4 hommes ont eu recours à l'asphyxie par le charbon ; 1 femme de 22 ans s'est précipitée sous un train, 1 de 45 ans s'est jetée par une fenêtre ; 1 homme avait employé successivement l'arme à feu et la corde. Au total : 16 hommes et 5 femmes.

En 1894, 5 désespérés, dont 1 femme, ont eu recours à la corde; 4 se sont servis d'armes à feu, 3 se sont asphyxiés par le charbon, parmi ceux-ci, 1 femme ; 1 s'est précipité dans le vide, 1 s'est noyé ; en résumé, 12 hommes et 2 femmes.

En 1895, nouvelle augmentation ; 19 suicides, dont 2 par le poison, 1 par asphyxie, 11 par pendaison, 1 par submersion, 1 par arme à feu, 3 par précipitation d'un lieu élevé ; on n'a trouvé que 2 femmes seulement parmi ces 19 suicidés ; une s'est donné la mort par asphyxie à l'âge de 19 ans ; l'autre s'est jetée par une fenêtre à l'âge de 66 ans; 1 enfant de 11 ans parmi les pendus.

En 1896, le total atteint 25, c'est le plus élevé que nous ayons constaté depuis 10 ans.

La corde détient, comme toujours, le record avec 9 cas, dont 1 femme de 45 ans; puis viennent l'asphyxie par le charbon, 6 cas (dont 2 femmes, 1 homme avait joint le couteau à l'asphyxie); 5 suicidés par armes à feu (dont 1 enfant de 10 ans 1/2, réprimandé par son maître); 3 par submersion, dont 1 femme ; 1 par précipitation (femme de 71 ans), et 1 par empoisonnement.

§ XXV

Autres morts violentes.

24 individus (13 femmes et 11 hommes) ont succombé à des morts violentes en 1893 ; en 1894, il y en a eu 26, dont 9 femmes.

Ces causes de mort sont les suivantes :

En 1893 : 5 cas de traumatisme (4 hommes).

> 3 fractures (2 vieillards, pour l'un fractures des membres, pour l'autre fracture de la colonne vertébrale).
>
> 2 asphyxies accidentelles.
>
> 4 cas de brûlures chez des vieillards.
>
> 3 empoisonnements accidentels.
>
> 2 infanticides.
>
> 1 assassinat (1 femme étranglée).
>
> 4 submersions accidentelles.

En 1894 : 7 cas de traumatisme accidentel (5 hommes).

> 9 fractures (5 de la colonne vertébrale ou de la base du crâne).
>
> 2 asphyxies accidentelles (la mère et la fille).
>
> 5 cas de brûlures étendues (2 enfants, 3 vieillards).
>
> 2 submersions accidentelles.
>
> 1 infanticide.

En 1895, 15 cas seulement :

> 3 de brûlures (1 enfant, 2 femmes).
>
> 6 de fractures, dont 3 du crâne (ouvriers de 24 à 35 ans) et 3 fractures des membres chez des vieillards ; 2 femmes, 1 homme.
>
> 5 de traumatisme accidentel (4 sans indication, 1 par tamponnement).
>
> 1 submersion accidentelle.

En 1896, 16 cas se divisant en :

> 4 brûlures étendues (1 enfant, 1 homme, 2 femmes).
>
> 4 fractures, dont 2 du crâne.
>
> 3 traumatismes accidentels.
>
> 1 asphyxie accidentelle chez une aliénée.
>
> 4 submersions accidentelles.

§. XXVI

Autres causes de mort.

Le chiffre annuel en est toujours à peu près le même.

En 1893, 86 cas ; en 1894, 70 ; en 1895, 70 ; en 1896, 78.

En 1893, on avait noté :

> 6 cas de syphilis infantile.
>
> 3 cas de syphilis chez des adultes.
>
> 7 de diabète (3 femmes).
>
> 2 d'épuisement nerveux (dont 1 aliéné).

16 d'érysipèle (dont 5 gangréneux).

1 de septicémie (non puerpérale).

6 de rhumatisme.

7 d'anémie.

1 de tétanos.

1 de pustule maligne (charbon).

4 d'affections osseuses.

4 d'alcoolisme.

28 d'affections de la vessie.

Les 70 de 1894 se divisent en :

7 cas de syphilis infantile.

8 cas de diabète (4 femmes).

7 d'épuisement nerveux (dont 5 aliénés).

6 érysipèles (dont 3 gangréneux).

2 cas de septicémie (non puerpérale).

2 cas de rhumatisme.

2 d'anémie.

2 de tétanos.

2 d'hydropisie.

3 affections osseuses (sans indication d'origine).

1 cas d'alcoolisme.

28 affections de la vessie.

En 1895, nous trouvons :

8 cas de syphilis infantile.

8 de diabète (3 femmes).

9 d'épuisement nerveux (dont 3 aliénés).

4 d'érysipèle.

1 de septicémie (non puerpérale).

3 de rhumatisme.

4 de scrofule.

3 d'alcoolisme.

30 affections diverses de la vessie.

En 1896 :

12 cas de syphilis infantile.

5 de diabète (2 femmes).

6 d'épuisement nerveux (dont 1 aliéné).

10 érysipèles (dont 4 gangréneux).

2 de septicémie (non puerpérale).

3 de rhumatisme.

2 de scrofule.

2 de tétanos.

2 affections osseuses (non indiquées).

1 d'hydropisie.

3 d'alcoolisme.

30 affections diverses de la vessie.

§ XXVII

Causes restées inconnues.

Une, au mois de janvier 1894, chez une fille de moins d'un an.

Une, en septembre 1893, chez un homme de 54 ans, mort subitement.

Une, en juillet 1895, chez un enfant de 7 mois et une, en mars, chez une fille de 17 ans.

3, en janvier 1896, chez 3 enfants.

Une, en juin, chez une femme de 45 ans.

Une, en juillet, chez une fillette de quelques mois.

Au total, 8 morts par causes restées inconnues, pour les quatre ans qui nous occupent.

§ XXVIII

Mort-nés.

Les mort nés de 1893 sont au nombre de 63, ceux de 1894 sont de 54, ceux de 1895 de 58 et ceux de 1896 de 56.

Le total est toujours à peu de chose près le même.

Les 63 de 1893 se répartissent en 40 du sexe masculin et 23 du sexe féminin.

Parmi les 54 de 1894, on en compte 28 du sexe masculin, dont 4 illégitimes et 26 du sexe féminin, dont 6 naturels.

En 1895, 38 garçons et 20 filles ; sur 58, 49 sont légitimes.

En 1896, 27 garçons et 29 filles (il y en a 13 d'illégitimes).

Pour ces années (sauf 1896), comme pour celles qui précèdent, le nombre des mort-nés du sexe masculin l'emporte encore sur celui des mort-nés du sexe féminin. La différence considérable en 1893 et 1895 l'est un peu moins en 1894.

De 1887 à 1896, soit dix ans, le nombre total, 617, donne 355 pour les garçons et 262 pour les filles.

En 1894, 11 de ces décès sur 54 ont eu lieu à la maternité de l'Hôtel-Dieu ; il y en a eu pour le même service 11 en 1895 sur 58 et 14 en 1896 sur 56.

RÉSUMÉ DES DIX ANNÉES (1887-1896).

Le tableau suivant, qui nous indique année par année le total des décès, nous permet d'établir une moyenne annuelle, non atteinte une année, dépassée l'autre.

Nous y voyons que, pendant les dix dernières années, le total général des décès a été de 15,362, soit une moyenne de 1,536 par an.

	1887	1888	1889	1890	1891	1892	1893	1894	1895	1896	TOTAL des 10 annees	MOYENNE annuelle
Total des décès annuels	1544	1481	1460	1628	1642	1599	1580	1408	1596	1424	15362	1536

Comme on le voit, c'est l'année 1891 qui a été la plus meurtrière et l'année 1894 qui l'a été le moins.

Les deux autres tableaux qui suivent résument pour ces dix années les décès par tuberculose, pneumonie, diarrhée et aussi ceux par maladies transmissibles.

Décès par tuberculose, pneumonie, diarrhée.

	1887	1888	1889	1890	1891	1892	1893	1894	1895	1896	TOTAL des 10 annees	MOYENNE annuelle
Tuberculose pulmonaire..	153	136	126	158	161	148	134	162	180	183	1.551	155.1
Autres tuberculoses......	54	33	48	31	33	47	22	37	36	33	374	37.4
Pneumonie......·.......	168	162	88	205	188	113	147	108	160	111	1 450	145
Diarrhée...............	91	107	91	146	117	132	103	68	116	101	1.072	107.2

Décès par maladies contagieuses.

	1887	1887	1889	1890	1891	1892	1893	1894	1895	1896	TOTAL des 10 annees	MOYENNE annuelle
Fièvre typhoïde............	9	12	20	18	17	24	13	22	21	20	176	17.6
Variole................	1	1	17	»	»	1	ᵡ	2	»	»	30	3
Rougeole..............	22	»	3	41	19	2	36	»	7	25	155	15.5
Scarlatine.............	1	7	22	12	12	6	1	9	13	»	83	8.3
Coqueluche...........	3	7	3	14	20	1	»	2	17	3	70	7
Diphtérie..............	16	25	52	31	23	30	27	24	16	9	253	25.3
Totaux........	50	52	97	86	91	64	85	59	74	57	715	71.5

La cause la plus fréquente des décès est, à Orléans, comme partout ailleurs, du reste, la tuberculose, qui donne une moyenne annuelle de 155 décès pour la tuberculose pulmonaire et 37 pour les autres tuberculoses, soit un total de 192 décès dus à cette affection chaque année.

C'est évidemment la maladie contre laquelle il appartient aux municipalités de lutter avec le plus d'énergie, tant par l'assistance des tuberculeux à domicile, leur hospitalisation que par la désinfection des locaux contaminés. C'est au contraire la maladie contagieuse pour laquelle la désinfection a été le plus rarement demandée.

Vient ensuite, comme une des maladies les plus meurtrières, la pneumonie et la broncho-pneumonie.

Puis la diarrhée infantile, encore beaucoup trop fréquente et à laquelle les mesures hygiéniques ou plutôt prophylactiques devraient être plus largement appliquées.

Les maladies transmissibles nous donnent un chiffre de décès encore assez élevé, 71 en moyenne par an.

Parmi celles-ci la diphtérie était en première ligne, mais nous avons vu que cette affection décroissait depuis quelques années, grâce aux mesures prises et au nouveau traitement appliqué.

En second lieu, la fièvre typhoïde donne à peu près lieu chaque année à un même nombre de décès.

Vient ensuite la rougeole, qui semble sévir épidémiquement sur Orléans tous les trois ans, 1887, 1890, 1893, 1896 ; puis, mais avec un bilan mortuaire bien moins élevé, la scarlatine et la coqueluche.

La variole, enfin, clôt la série, en donnant lieu à un chiffre de décès insignifiant.

Dʳ LE PAGE.
Médecin municipal

www.ingramcontent.com/pod-product-compliance
Lightning Source LLC
Chambersburg PA
CBHW070907210326
41521CB00010B/2089